AS.ARCHITECTURE-STUDIO
法国AS建筑工作室

生态城市

la ville écologique

为可持续建筑贡献力量

contributions pour une architecture durable

ante prima

MARK CHINA

Introduction

Habiter autrement le monde.
Nous sommes nés modernes et le sommes de moins en moins. Nous n'habitons plus le monde forgé par l'Occident triomphant et devrons, en conséquence, habiter autrement. Il nous apparaissait non seulement immense, mais encore stable. Avec le premier cliché de la planète bleue vue de l'espace, comme l'avait dès les années cinquante relevé Bertrand de Jouvenel, le monde nous est apparu à la fois petit et fragile. Les décennies qui ont suivi nous ont appris que nous ne saurions devenir « maîtres et possesseurs de la nature ». Nous parvenons certes à maîtriser localement, en termes d'espace et de temps, des phénomèmes de plus en plus nombreux. Mais nous avons également appris à nos dépends, avec le changement climatique, la déplétion de la couche d'ozone, les pseudo hormones, la pollution nucléaire, etc. que la domination de la nature pouvait engendrer à plus ou moins long terme des effets aussi dommageables qu'imprévisibles. Les développements les plus récents de la physique, par exemple concernant le mouvement des galaxies, jettent une ombre sur l'un des apports majeurs de la physique galiléenne : l'idée selon laquelle les lois physiques sont universelles. Or, cette idée, solidaire de l'effondrement du cosmos hiérarchisé des anciens, est notamment au fondement de la réinterprétation moderne de la démocratie. Elle était grosse tant de la révolution française que de l'indépendance des États-Unis d'Amérique. Les économistes classiques postulaient un monde aux ressources surabondantes ; les économistes néo-

序言

我们与生俱来的现代情怀正在渐渐褪色，我们将不再寄身于由西方胜利者缔造的世界而应另辟“栖”径。在我们眼中，那个曾经的世界不仅浩瀚无垠，而且坚稳依旧。但是，随着相关太空照的首度示人，我们的蓝色地球却显得既渺小又脆弱，而贝特朗·德·儒弗内尔（*Bertrand de Jouvenel*）早在（20世纪）50年代之初便已对此有所言述。随后的几十年间，我们逐渐自知将无力成为“大自然的主宰与占有者”。就空间与时间的范畴来讲，虽层见叠出，我们仍旧可以掌控其中的一部分险象。然而，气候变化、臭氧层耗减、假性荷尔蒙形成与核污染等问题的出现却一再严正地告诫我们，对大自然的支配有可能在或长或短的时期内酿成难以预见的种种恶果。例如有关星系运动的研究等物理学的最新发展给伽利略的一项筚路之功——“物理定律放诸宇宙皆准”蒙上了一层阴影。尽管如此，这一支持打破等级宇宙旧说的创见为现代民主的重新阐释奠定了基础，并在法国大革命与美国独立战争中起到了举足轻重的作用。古典主义经济学家假想的世界资源丰饶而新古典主义经济学家却冀望人类的技术能力可以无限制地取代必遭再生资本运作破坏的自然资本。可是，我们恐怕会在各个方面遭遇“有限性”（*finitude*）的束缚：忍受碳排放煎熬的生物圈与化石能源的消耗；遭遇地球淡水储备与矿藏取之有尽的桎梏，而后者中的某些贵重金属、半贵重金属与重金属几乎已经消耗殆尽，再者就是水生资源的衰减以及生态系统反馈机能的孱弱不堪。不仅如此，日日积月

classsiques ont parié sur l'aptitude technologique de l'humanité à substituer indéfiniment au capital naturel immanquablement détruit par nos activités du capital reproductible. Or, nous nous heurtons plutôt à la finitude sur tous les plans : celle de la biosphère à digérer nos émisssions carbonées, celle attachée aux limites de notre dotation fossile ; nous nous heurtons encore à la finitude de nos réserves d'eau douce ça et là sur la planète, aux bornes de notre patrimoine minéral dont les réserves approchent l'épuisement pour certains métaux précieux, semi précieux ou lourds, à la finitude des resssources halieutiques, à la fragilité des services écologiques rendus par les écosystèmes. Et nous sommes qui plus est de plus en plus nombreux sur cette planète, 7 milliards et bientôt 9. Parmi eux, des centaines de millions de personnes supplémentaires partagent et partageront le rêve occidental d'une consommation matérielle croissante. Il n'y a pas jusqu'à l'idée, là encore exclusivement moderne et occidentale, selon laquelle nous autres humains sommes les seuls à avoir en partage la pensée, les sentiments, l'aptitude au contrat moral, qui ne soit désormais fragilisée. Tout en même temps, cela fait beaucoup !
Or, c'est tout d'abord dans notre manière d'habiter le monde que nous devons traduire ces changements. Plus vite nous le ferons, et moins élevés seront les risques que nous encourerons.
Ce livre ouvre de multiples pistes quant à cette manière nouvelle d'habiter le monde.
C'est tout son intérêt.

Dominique Bourg
philosophe, université de Lausanne,
Faculté des géosciences et de l'environnement

累的地球人口将会从（目前的）70亿激增至90亿，无论是现在还是未来，数十亿的新增人口仍旧会去享受以物质消耗攀升为代价织就的西方美梦。从今往后，即使是那个独具现代感与西方特色的观念也会显得岌岌可危，面对这一切，我们人类拥有自己的思想、情感与道德约束力，同时承受一切，任重道远！

因此，我们必须首先利用自身的栖居方式对上述种种变化做出解释。遭遇危险的可能便越会随之降低。

为耳目一新的栖居体验开辟多种途径正是编著本书的目的所在。

多米尼克·布尔格
哲学家、洛桑大学环境与地球科学系教授

Église Notre-Dame-de-l'Arche-d'Alliance
Paris
巴黎圣约柜教堂

Avant-propos

Il semble bien fini le temps de l'insouciance où, consciemment ou pas, les hommes pouvaient ignorer les conséquences de leurs actes. Que nous le voulions ou pas, nous sommes aujourd'hui appelés à modifier radicalement notre rapport à l'environnement. La société nous le demande, l'économie y a tout à gagner[1], et notre sens de la responsabilité désormais nous y intime car, à la différence de nos aînés, nous ne pouvons plus dire que nous ne savions pas.

La prise de conscience qu'il va falloir modifier les comportements et les modes de production touche désormais toutes les couches de la population. Il faut dire qu'entre les discours catastrophistes annonçant la fin du monde et la vague incessante de rapports scientifiques tous plus alarmants les uns que les autres, il y a de quoi s'inquiéter et prendre le sujet au sérieux. Nous pouvons

1 Selon le rapport Stern, commandé par le gouvernement britannique à l'économiste Nicholas Stern et publié en 2006, le monde doit investir au moins 1 % de son PIB pour pouvoir surmonter les effets du changement climatique et de la fin des ressources fossiles. Si cela n'était pas fait, l'économie mondiale s'exposerait à un risque de récession entre 5 à 20 % de son PIB.

前言

人类曾对自身行为造成的结果置若罔闻，无论我们是否有所觉悟，那个随心所欲的时代似乎已告终结。今天，无论情愿与否，我们都必须彻底修复与环境的关系，这是社会的要求，更对经济百益无弊[1]。自此，人类的责任意识开始沉声喝令，因为与前人不同，对此并非一无所知的我们不能继续强词夺理。

1 受英国政府之托，经济学家尼古拉斯·斯特恩（*Nicholas Stern*）于*2006*年公布的斯特恩报告显示，全球至少需要投入世界生产总值的*1%*用以对抗气候变化现象与地质资源耗竭。一旦未能实施，全球经济的衰退（世界生产总值）恐将达到*5%*至*20%*。

从今往后，应立即改变生产行为与模式的认知将触动社会的各个阶层。应注意的是，宣告世界末日的灾变主义言论与科学报告此起彼伏的警示声浪使得我们忐忑不安，并时刻提醒我们必须严肃对待这一主题。就个人而言，我们可以对上述夸大甚至是有时极度夸大的论调表示懊恼，它们尤为西方的末世论提供了温床。然而，当我们隐约感到自身的灭亡不再是耸人听闻的谣言时，回想这些开始切入要害、重新定义

personnellement regretter cette dramatisation, parfois à outrance, qui fait le lit des théories eschatologiques, particulièrement dans le monde occidental. Mais il convient de se rappeler que c'est dans ces moments-là, quand l'homme entrevoit sa fin possible, qu'il va à l'essentiel et est susceptible de redéfinir un nouveau rapport au monde, et en l'occurrence, à son environnement. Pensons à la peur de la bombe atomique qui a orienté la jeune ONU vers la défense de la paix. Le développement durable peut être l'occasion d'une nouvelle représentation du monde, d'une nouvelle *epistémé*, entendue dans son sens deleuzien.
L'affirmation du développement durable depuis quelques décennies apparaît comme l'exact contrepoint de la frénésie gloutonne dans laquelle les pays, surtout industrialisés et occidentaux, ont vécu depuis deux siècles. Il implique en tout état de cause des concepteurs de l'espace une remise en question de leurs approches et de leurs réponses. Car comme bien d'autres secteurs, l'urbanisme et l'architecture ont contribué au désastre écologique que l'on déplore aujourd'hui : un climat qui se dérègle, des ressources fossiles et une biodiversité appelées à se réduire dramatiquement dans un avenir que l'on dit proche, des villes énergétivores qui s'étendent au-delà du raisonnable, grignotant petit à petit les terres arables.

Correctement négocié, le virage du développement durable peut mener à un renouveau de la créativité et porter une nouvelle dynamique économique. Plus fondamentalement, il a le grand mérite de réintroduire dans la réflexion architecturale et urbaine la dimension du futur, de l'avenir, et de ce point de vue, donne une nouvelle épaisseur à la critique de notre production à l'heure où plus de la moitié de l'humanité vit en ville[2].

Architecture-Studio revendique sur ces questions une approche singulière depuis de nombreuses années. Même si nous ne sommes pas des militants de la première heure de la construction écologique des années 70, nous avons développé depuis, au cours de multiples projets conçus ou réalisés, un savoir-faire et une attention à l'environnement et aux cultures vernaculaires. Cette préoccupation a conduit l'agence à renforcer ses compétences en créant le bureau d'études Éco-Cités afin d'assister les différents acteurs des projets sur les aspects techniques, et en particulier ceux relevant du développement durable.

2 Selon un rapport publié le 12 juillet 2007 par le Fonds des Nations Unies pour la population (UNFPA) et la Banque mondiale, la population de la planète s'élèverait actuellement à 6,6 milliards d'habitants dont un peu plus de la moitié vivrait en milieu urbain, pour la plupart dans les pays en développement.

人类与世界关系的时刻就显得合情合理了，而如今我们则须与环境重树关系。让我们共同思考核武引发的恐惧，它使尚显稚嫩的联合国走向了保卫和平之路。可持续发展或许是重绘世界、改变认识的契机，这与德勒兹(*Deleuze*)的观念不谋而合。暌违几十年，坚持可持续发展的方略与世界各国的狂悖贪婪南辕北辙，特别是两个世纪以来聊以为生的西方工业国家。这导致空间设计者在面对任何问题时都必须重新审视自身的研究手段与解决方案。因为，与其他行业如出一辙，城市规划与建筑对如今唏嘘可叹的生态灾难同样难辞其咎：紊乱异变的气候；即将骤减的地质资源与生物多样性；恣意拓展、啃噬良田的耗能城市。

迅速而合理地转入可持续发展之路能够为创意赋予新生，为经济注入活力。更为根本的是，它拥有将人类对建筑与城市的反思再度引向未来、带入远景的巨大价值。基于此，在城市人口[2]逾全球半数的时刻，它将以崭新的深度评判我们的建筑产品。

2 根据联合国人口基金会(*UNFPA*)与世界银行于2007年7月12日公布的一项报告预测，今天的地球人口将会增至66亿，其中大部分发展中国家的城市人口将逾半数。

针对以上问题，法国AS建筑工作室多年以来谋求着独特的解决之道。虽然我们并非(20世纪)70年代首批生态建筑的活跃分子，但自那以后，我们通过各式各样的设计方案与竣工项目拓展了专业技术，且注重(工程所在地的)环境与文化。如此悉心的考量不仅促使事务所加强了自身的能力，还创建了“生态城”研究室，旨在使各项目的亲历者参与到有关技术的方方面面中来，其中尤其涉及可持续发展的范畴。

Ce livre est né de l'envie de faire le point sur notre travail en matière de développement durable, de définir une approche collective, de s'interroger, de proposer, de développer des pratiques de travail respectant l'esprit du développement durable. Mais penser c'est aussi agir. Nous avons la faiblesse de penser que notre questionnement ne peut avoir de valeur que s'il se prolonge dans l'action. C'est pourquoi nous avons toujours eu à cœur de nous investir dans l'acte de construire, de nous frotter au « système », afin de tenter de le faire évoluer de l'intérieur. Conséquemment, nous sommes assez éloignés d'une pensée critique qui assoit sa légitimité en érigeant une frontière étanche avec les conditions actuelles de production de l'architecture et de la ville. Nous assumons pleinement ce choix. La difficulté des programmes, les exigences parfois contradictoires des maîtres d'ouvrage, dont certains veulent bien s'inscrire dans une démarche durable à condition que cela ne leur coûte ni temps ni argent, ne nous ont jamais incités à lâcher prise. Au contraire, ces obstacles et ces difficultés sont autant de moyens d'apporter un regard nouveau et une plus-value aux projets, de ferrailler avec une réalité qui peut certes déranger, mais que nul ne pourra infléchir s'il ne prend la peine d'y apporter sa pierre. La participation de l'agence depuis plusieurs années à différents groupes de travail sur les politiques publiques en matière de construction et d'habitat est un autre aspect de notre volonté de faire avancer les choses.

Cet ouvrage n'a pas pour finalité de dicter ce qu'il faut faire. Ce n'est ni un traité, ni un livre de recettes pour une construction plus vertueuse. Il est pour nous l'occasion de contribuer à une réflexion qui, frappée du sceau de cet impératif catégorique inédit que constitue le développement durable, doit se conjuguer avec une réactualisation de la pensée de l'architecture et de la ville. Nous livrons ici le témoignage du travail et de la réflexion d'une agence d'architecture française, dont la démarche de conception, nourrie d'une attention aux contextes (sociaux, topographiques, culturels, etc.), n'a d'autre ambition que de participer à l'édification d'une architecture contemporaine de qualité. C'est notre façon d'affirmer autrement notre position d'architectes citoyens qui souhaitent s'engager sur les questions de consommation énergétique, sur les rejets et émissions de toutes sortes, sur la forme des villes et des villages et leurs développements, sur la conciliation des attentes du grand public en matière de qualité de vie avec les impératifs de la ville dense.

本书的诞生起源于我们希望总结可持续发展的相关工作,确立统一的研究角度,进行自我考问,出谋划策以及推进工作实践与尊重可持续发展的理念,这既要思考又需行动。思考的不足之处在于我们所想所知的各个问题只有在践行后才能得以证实。鉴于此,我们常常感觉到有必要投身到建设活动之中,去全面了解这一“体系”,借此尝试由内而外的转变。结果,我们与合理的批判思维相去甚远,而它则在建筑现况与城市之间竖起了一道密不透风的墙垣。我们充分接受这样的选择。虽然某些委托方既要追随可持续发展的脚步,又要以低耗时、低成本为条件,这些有时显得自相矛盾的人为要求也从未使我们半途而废。与之相反的是,这些障碍与难点使得多种应对措施孕育而生,它们不仅为各个项目带来了焕然如新的视角与附加收益,还可让人与复杂的现实展开斗争。倘若我们仅仅是不辞劳苦地累砌叠加,那么就无力去改变现实。几年以来,事务所与其他工作团队在公共建筑与住宅建筑上的合作是我们希冀改变的另一体现。

“发号施令”并不是我们编写本书的目的所在,它既非一部论著,也非打造道德性建筑的秘籍。之于我们而言,它提供了反思的良机,而这种反思不仅史无前例地打上了可持续发展的烙印,借以满足这一不容置疑的迫切需要,还必须与瞬息万变的城市与建筑观念相耦合。身为一个法国的建筑事务所,我们将通过本书献出自己对此项工作的所见所想。我们的设计方案源自对社会、文化背景与地理环境的专注,能够参与到高质量的当代建设工程中来便是我们唯一的心愿。这是我们作为城市建筑师的另一定位方式,我们渴望解决有关能耗、气体排放与市镇形态及其发展方面的诸多问题,尽量让饱受城市拥挤之苦、对生活质量有所期待的广大市民惬怀如意。

Ce livre est un pas vers l'ensemble de nos partenaires afin de leur donner à comprendre ce qui nous anime et ce vers quoi nous souhaitons évoluer. Ce dialogue, nous le voulons aussi avec nos maîtres d'ouvrage passés ou à venir et, plus largement, avec les usagers des bâtiments que nous construisons ici à Tunis (siège social de la BNP, 2008, Tunisie), là à Paris (résidence pour personnes âgées, 11e arrondissement, 1997, France) ou encore à Shanghai (siège social de Wison Chemical, 2003, Chine). Car il nous faut sortir des discussions sur le développement durable appliqué à l'architecture, des postures morales et des logorrhées techniques ou environnementales. Si nous n'y prenons garde, c'est uniquement vers les économies d'énergie, et tout leur lot de systèmes techniques certifiés, que nous mènera « la révolution verte ». Or l'enjeu est autrement plus important que de simplement réduire nos émissions de CO_2, même si cela reste une préoccupation majeure. Le développement durable nous apparaît plutôt aujourd'hui comme un levier extraordinaire permettant de bouleverser nos habitudes et d'envisager une relation plus apaisée à notre environnement. C'est ce que nous avons essayé de faire avec le projet de Deh Sabz, nouvelle ville de 3,3 millions d'habitants au nord de Kaboul (Afghanistan, 2008), que nous présentons ici largement, et qui prend autant en compte les aspects sociaux, économiques et de gouvernance, que l'environnement et les économies d'énergie.

C'est avec enthousiasme et optimisme que nous nous engageons dans ce nouveau défi du durable. Il se peut que nous nous trompions dans nos analyses. Et alors ? Nous acceptons cette prise de risque. Elle est nécessaire. Elle est une des conditions nous permettant d'aller plus loin afin d'être plus pertinents. Si nous défendons une transversalité et une mise en commun des savoirs, pourquoi nous arrêterions-nous dès lors qu'elle nous embarrasse ? L'architecture et l'urbanisme sont deux disciplines qui composent avec l'espace et le temps, deux catégories essentielles à notre perception du monde. C'est pour cela que nous estimons qu'elles sont aussi le moyen de le repenser.

Architecture-Studio, Paris

本书将面向我们所有的合作伙伴，使他们了解赋予我们生命的点点滴滴以及未来的发展方向。我们同样愿意与曾经抑或未来的委托人展开对话，甚至包括我们在突尼斯（巴黎银行总部，*2008*，突尼斯）、巴黎（*11*区老年人公寓，*1997*，法国）或上海（惠生生化集团总部，*2003*，中国）的建筑用户。因为，我们应当就建筑领域内的可持续发展问题与道德状况展开讨论，并对技术或环境课题进行不胜其烦的探究。除非保有谨小慎微的态度，否则“绿色革命”能够给予我们的仅仅是节能措施与某些认证体系而已。虽然二氧化碳减排历来特别为人所关注，但上述挑战远非如此简单。在我们看来，可持续发展如今更似一股非凡的力量，它能够撬动我们习以为常的行为方式，缓和我们与环境之间的关系。这便是我们在德赫·萨卜兹（*Deh Sabz*）项目中所进行的尝试，即在喀布尔北方建立一座可容纳*330*万居民的新城（阿富汗，*2008*）。这一在本书中将得到全面介绍的项目充分考虑了社会、经济与管理因素，同时不忘处理环境与节能问题。

满腔热忱、积极乐观的我们将投身到可持续发展带来的挑战中去，即使分析错误又能如何？我们将承担必要的风险，它是我们行更远、求更佳的条件之一。倘若我们想要捍卫跨领域的模式与趋同一致的认知，那么我们为何在困难来临之时便畏葸不前呢？建筑与城市规划是空间与时间组成的两大学科，更是我们感知世界的两大基本范畴。正因如此，它们同样是我们重新思考世界的手段与方法。

法国AS建筑工作室，巴黎

parti pris
承诺

Le développement durable, un fait culturel, économique

Le développement durable s'est imposé en quelques années comme un élément majeur de la réflexion sur nos modes de vie et leur avenir. En ce début de XXIe siècle, il n'existe quasiment plus aucun homme politique, aucune grande entreprise ou PME, qui ne peut décemment ne pas s'en soucier, ne serait-ce que dans sa communication. Récemment, des événements internationaux, plus géopolitiques qu'écologiques, comme la crise entre l'Ukraine et la Russie – qui avait menacé de couper ses livraisons de gaz à l'ancienne république du bloc de l'Est – ou encore l'envolée mi 2008 des cours du pétrole, ont participé à la prise de conscience que l'énergie fossile était une denrée rare. Périodiquement, des études d'experts nous alertent sur la détérioration de l'état de notre planète. Nos eaux sont chaque jour plus polluées, notre air plus vicié et nos sols plus gorgés de produits phytosanitaires.

La sensibilisation croissante de la société à la nécessité de modes de vie moins énergétivores et moins nocifs pour la planète, par la médiatisation de concepts comme celui de l'empreinte écologique par exemple, a permis l'apparition d'une demande d'architecture nouvelle et exigeante. Nos clients veulent tout à la fois : de grands et de beaux espaces, des matériaux sains pour la santé humaine et l'environnement et de faibles consommations énergétiques. De plus en plus souvent, certains demandent même que nous leur fournissions, via des systèmes de récupération des eaux de pluie et de filtration, de l'eau potable ou en tout cas utilisable pour les sanitaires et les besoins de la toilette. Pour l'instant, nous échappons encore à l'impératif de nourrir les gens. Mais déjà des projets intégrant une production vivrière à côté de logements émergent ici et là y compris sous la forme de tours. Tant est si bien que l'architecture nous semble être devenue l'un des creusets dans lequel se cristallisent toutes les demandes – mais aussi les angoisses – de la société liées au développement durable.

Une prise de conscience récente

La prise de conscience de la nécessité d'un développement durable a vraiment vu le jour dans le monde occidental à partir du protocole de Kyoto [1997] et des grandes discussions internationales qui en découlèrent. Auparavant, le sujet, s'il passionnait certains, restait peu ou prou confidentiel et ne s'incarnait, politiquement, que dans les partis écologiques principalement marqués à gauche. Du point de vue des idées, le philosophe Hans Jonas a théorisé en 1979, dans son livre *Le principe responsabilité*, le principe de précaution qui s'avère aujourd'hui extrêmement opérant pour les défenseurs de l'environnement.

Cette demande pressante est bénéfique. Elle est le signe que le développement durable est désormais une tendance culturelle partagée et qu'il existe un véritable engouement pour l'environnement pris au sens large du terme. Aujourd'hui, en France, les écoliers ont des cours sur la gestion des déchets, sur le gaspillage de l'eau, tant est si bien que ces gestes, hier encore considérés comme civiques, vont petit à petit devenir culturels. Nos enfants apprennent à prendre soin de leur planète, comme hier nous avons appris à prendre soin de notre corps. Voudrions-nous échapper à l'omniprésence du développement durable que nous ne le pourrions pas.
En tant qu'architectes, ceci nous conduit à intégrer le plus possible en amont un ensemble de contraintes qui étaient autrefois, au mieux, traitées au coup par coup. Nous ne pouvons ignorer ce désir de mieux faire. En tant qu'acteurs culturels, Architecture-Studio doit même se faire un devoir d'y répondre.

Cette réponse, nous ne voulons pas la faire par suivisme mais en toute connaissance de cause. Il est en effet aisé d'avoir une position pro-durable et de l'afficher sans pour autant conduire une véritable réflexion sur le sujet. De la même manière qu'il est *a contrario* facile de se distinguer avec des discours ironiques en estimant que l'architecture a vocation par essence à être durable. Car les bâtiments n'ont pas vocation à améliorer la qualité de l'environnement naturel. Ils perturbent le milieu et peuvent même le détruire partiellement en assumant pourtant pleinement leur prime vocation, l'amélioration du cadre de vie des hommes.

Cette prise de conscience a d'abord eu pour origine notre attachement à la contextualité

Pour ce qui nous concerne, cette prise de conscience a d'abord eu pour origine notre attachement à la contextualité que nous définissons comme l'environnement physique (le site et ses relations avec le paysage) et l'environnement réglementaire et sociétal. L'esthétique et la forme de nos productions résultent majoritairement de notre interprétation de ces environnements. Et c'est parce que nous avons toujours voulu assumer les contraintes du monde dans lequel nous évoluons, que nous avons été conduits à développer une attention au développement durable.
Nous pourrions faire remonter nos premiers projets durables, au sens environnemental du terme, à l'ambassade de France de Mascate (sultanat d'Oman, 1989), qui utilise l'eau pour sa faculté à rafraîchir l'atmosphère lors de son évaporation ou à la résidence universitaire Croisset (Paris, 1996) qui, grâce à une double peau, a pu limiter les impacts sonores du périphérique et proposer des espaces de

circulation généreux pouvant accueillir des événements divers. Par la variété de nos réalisations et de nos études architecturales et urbaines, par la diversité des pays dans lesquels nous intervenons, nous avons pu assez tôt nous confronter à la conception d'environnements et d'espaces intelligents et s'adaptant aux différents contextes. Nous voulons même croire, avec le recul, qu'en certains domaines, nous avons eu un rôle précurseur. Car ce qui nous importe avant tout, c'est de faire évoluer nos méthodes de travail pour mieux prendre en compte l'ensemble de la réalité économico-sociale de notre environnement professionnel. Se frotter au réel, avec toutes ses contradictions et ses difficultés, tel a toujours été notre parti.

Cette économie spécifique devrait devenir aussi compétitive que celle de la construction traditionnelle

C'est d'ailleurs ce parti pris qui nous a conduits à réaliser des prisons. Pourquoi ? Parce que nous vivons dans un État de droit et que la privation de liberté est encore une des voies permettant de le protéger. S'il est évident que nous nous interdisons de construire des prisons dans les pays qui pratiquent encore la peine de mort ou dont la justice prête à caution, nous ne pouvons refuser de faire de même en France. En particulier quand il s'agit de remplacer d'anciens établissements dont nous savons tous qu'ils sont dans un état lamentable. Pour quelle raison refuserions-nous ce type de programme ? Au nom d'un humanisme béat qui ne souhaite pas se salir les mains au contact du réel ? Même sur ce type de programmes difficile, ingrat, et extrêmement contraint, nous avons la prétention de penser que nous pouvons aussi innover dans le sens du développement durable tant dans son volet environnemental que dans sa dimension humaine.

Aujourd'hui, un marché de l'architecture durable émerge et participe à l'évolution du secteur de la construction. En France, c'est la commande publique qui a d'abord été exigeante en matière environnementale. Si bien que de nos jours, il n'est plus un concours lancé par l'État ou les collectivités locales qui n'exige des maîtres d'œuvre qu'ils travaillent dans une démarche de haute qualité environnementale (HQE) voire davantage. Les industriels ont vite compris l'intérêt d'investir dans la recherche de matériaux et de systèmes plus performants et moins consommateurs d'énergie qu'elle soit grise ou fossile. Mais ce marché reste fragile et est, pour l'instant, en attente de vraies réponses architecturales et techniques applicables industriellement, c'est-à-dire à un coût maîtrisé.
Cette économie spécifique devrait, d'ici quelques années, devenir aussi compétitive que celle de la construction traditionnelle,

La haute qualité environnementale

L'objectif de la démarche HQE, initiée en 1996, est de réaliser des bâtiments neufs ou d'améliorer des bâtiments existants afin de limiter leurs impacts sur l'environnement, lors de la construction, de l'exploitation puis de la démolition. C'est une approche globale basée sur 14 cibles regroupées en quatre thèmes. (cf. tableau ci-contre).

notamment lorsque la notion de coût global, c'est-à-dire l'ensemble des coûts que génère une construction (conception, construction, entretien et charges) deviendra la notion de référence pour calculer le prix d'un bâtiment.
Plus généralement, l'économie du durable est, quel que soit le secteur envisagé (alimentation, énergie, automobile, bâtiment, etc.), l'un des segments qui voit sa part de marché grossir démesurément d'année en année et qui représente le plus grand gisement d'emplois pour l'avenir. Le Grenelle de l'environnement pourrait, en France, accélérer les choses. En imposant des normes strictes de consommation pour les bâtiments neufs, il devrait, comme en Grande-Bretagne, accélérer l'émergence d'un marché spécifique, plus cher, pour les édifices économes en énergie.

Les 14 cibles de la qualité environnementale des bâtiments

Maîtriser les impacts sur l'environnement extérieur

L'éco-construction :
- la relation harmonieuse du bâtiment avec son environnement immédiat
- le choix intégré des produits et des matériaux de construction
- un chantier à faibles nuisances

L'éco-gestion :
- de l'énergie
- de l'eau
- des déchets d'activités
- de l'entretien et de la maintenance

Créer un environnement intérieur satisfaisant

Le confort :
- hygrométrique
- acoustique
- visuel
- olfactif

La santé :
- les conditions sanitaires des espaces
- la qualité de l'air
- la qualité de l'eau

Pour une demande mieux informée

En attendant que la révolution du durable transforme nos économies et nos modes de vie, nous sommes parfois obligés de composer avec des exigences contradictoires émanant de la société et de l'environnement réglementaire.
Nous savons tous désormais qu'une majorité de Français disent ne rêver que de maisons individuelles. Pourtant, l'étalement urbain que ce type de construction génère est préjudiciable à l'environnement. Il mite le territoire et les paysages, favorise la disparition ou le morcellement des surfaces agricoles, et grève le budget des communes et des ménages en augmentant les impôts et les charges notamment en matière de réseaux divers (eau, électricité). Vivre dans une maison isolée nécessite en effet pour une famille de disposer d'au moins un véhicule, outil indispensable pour travailler ou amener les enfants à l'école. Or, la hausse, début 2008, du prix du baril de pétrole et celle du gaz a fait exploser le budget déplacement et chauffage des ménages périurbains et a montré les limites de ce type d'urbanisme. Car ces maisons édifiées en milieu périurbain ne brillent pas par leurs qualités environnementales que ce soit d'un point de vue esthétique ou énergétique. Les conséquences à terme, lorsque le prix du pétrole repartira à la hausse, ce que tous les spécialistes pronostiquent, seront catastrophiques pour ces ménages, les plus souvent modestes ou moyens.
Parallèlement, certains sociologues ou psychologues[1] ont pointé le repli social que provoquait ce type d'urbanisation et des études politiques ont montré que le vote extrême, notamment d'extrême droite, concernait principalement les espaces périurbains et ruraux[2], tandis que les centres légitimaient plutôt les partis de gouvernement. L'étalement urbain est donc par nature un sujet qui impacte le développement durable dans ses multiples aspects : environnementaux, sociaux et économiques. C'est la raison pour laquelle nous ne pouvons rester inactifs sur le sujet ni nier l'envie de millions de gens de vivre en proche périphérie urbaine.

Nous avons eu à réfléchir sur cette question à l'occasion d'un projet de lotissement durable à Bouchemaine, petite commune rurale de la banlieue sud-ouest d'Angers. Alors que notre bureau d'étude environnemental nous poussait à concevoir le projet sous l'angle unique de l'excellence énergétique, nous avons estimé que la dimension sociale du

1. En particulier Gérard Wajcman, lors d'un colloque organisé par arc en rêve centre d'architecture, à Bordeaux.
2. Sur ce point, cf. l'étude du géographe Christophe Guilly réalisée pour le Cevipof.

L'empreinte écologique

est une mesure de la pression qu'exercent les modes de vie humains sur la planète. Son mode de calcul évalue la surface productive nécessaire à une population pour répondre à sa consommation de ressources et à ses besoins d'absorption de déchets. L'empreinte écologique peut être calculée par personne, pays, pour l'humanité entière mais également pour des bâtiments, des villes, des modes de transports, etc. En 2003, selon le WWF, l'empreinte écologique de l'humanité était de plus 1,2. Autrement dit, la surface de la terre ne suffisait plus à l'humanité.

projet était également importante et se devait d'être un élément fort du projet. Tout en prenant soin de concevoir des bâtiments économes énergétiquement et bien éclairés, nous avons tenu à favoriser un urbanisme socialisant permettant aux habitants d'un lotissement de nouer des contacts plutôt que de se réfugier chez eux comme cela est trop souvent le cas dans les lotissements de maisons individuelles. Nous avons opté pour débarrasser la zone d'habitation des voitures, tenues à l'écart sur des parkings, et pour distribuer les maisons en bandes par des venelles. Au centre de chaque îlot de maisons, de petites places offrent des espaces de jeu sécurisés aux enfants.

L'étalement urbain est par nature un sujet qui a un impact sur le développement durable

C'est la même idée qui a prévalu pour l'aménagement du quartier Parc Marianne, à Montpellier. Ce nouveau quartier s'organise autour d'un parc laissé aux seuls piétons. Dans ce projet, le statut du territoire est abordé dans sa dimension sociale et urbaine. C'est à partir de là que peut exister une vraie démarche durable en concertation avec tous les acteurs du projet. Car le développement durable ne peut se résumer à des orientations et à des choix techniques qui sont par ailleurs perpétuellement remis en question par les nouvelles technologies et parfois même les anciennes. La vraie difficulté dans ce type de projet est de faire des choix. Ceci passe par un dialogue avec la maîtrise d'ouvrage qui peut aussi venir réduire les ambitions architecturales. La difficulté est de trouver un équilibre.

En l'espèce, cet équilibre a tenu compte de l'environnement urbain. La hauteur des immeubles (rez-de-chaussée + 5 étages) n'empêche pas les appartements de bénéficier de surfaces extérieures avec un accès visuel au parc central. Ils sont par ailleurs dotés de systèmes solaires thermiques permettant de préchauffer l'eau et utilisent également une pompe à chaleur qui va puiser dans la nappe phréatique peu profonde l'énergie nécessaire pour chauffer les appartements en hiver.

Ce type de projets répond au désir d'espaces verts et extérieurs exprimés par les habitants, qu'ils soient urbains ou périurbains, tout en rentabilisant le terrain disponible et en offrant des logements efficaces énergétiquement.

Le Grenelle de l'environnement

C'est le nom donné à un cycle de négociations entre différents partenaires français (industriels, associations de défense de l'environnement, scientifiques, élus, État) dont le but est d'aboutir à un paquet législatif visant notamment à réduire par quatre des émissions de CO_2 d'ici 2020. Une première série de mesures et de lois ont d'ores et déjà été prises entre 2007 et 2008, en particulier le bonus-malus écologique pour les voitures.

Le défi auquel nous sommes tous les jours confrontés est de tout gérer ensemble : construire moins cher, résoudre plus de problèmes, tenir compte d'une demande exprimée de manière confuse, voire paradoxale. Plus que jamais, notre métier consiste en la résolution de contradictions complexes.

Là encore, Architecture-Studio envisage son rôle de manière constructive et optimiste. Il n'y aura jamais de contexte et de demande idéaux.

Ce qui ne doit pas nous empêcher d'avancer et de trouver des solutions. Lors d'un projet pour une multinationale installant un siège à l'étranger, nous avions ainsi proposé de concevoir un bâtiment respectant l'environnement. Nos clients n'ont pas été convaincus par cette démarche, en raison de son surcoût mais aussi parce qu'aucune réglementation ne les obligeait à le faire. Tout au plus ont-ils concédé bien vouloir que nous l'envisagions, mais uniquement sous forme d'option, de façon à déshabiller ultérieurement le projet pour le faire entrer dans l'enveloppe financière qu'ils avaient à y consacrer.
Si une telle attitude peut se comprendre, elle revient à prendre les architectes pour des constructeurs d'automobiles à qui l'on demande des options sur la base d'un bâtiment standard. Nous leur avons répondu que la démarche que nous voulions mettre en place n'était pas une « option » mais un élément structurant du projet. Devant leur peu d'enthousiasme, nous avons décidé de faire de la « HQE clandestine », sans rien leur dire. Notre projet a depuis été validé et sera construit.

Mais il existe aussi une « surdemande » de durable qui peut nuire à la qualité d'ensemble du projet. Ainsi, devons-nous parfois faire face à une inflation d'interlocuteurs, qui chacun définit dans son coin, et en toute bonne foi, une portion du cahier des charges qu'il veut exemplaire sur le plan environnemental. Il en résulte le plus souvent des contradictions entre les objectifs programmatiques et le respect des engagements en faveur de l'environnement. Telle pièce doit avoir telle température dit l'un, quand l'autre insiste pour que parallèlement il ne soit fait aucun recours à la climatisation.
Ce type de situation est actuellement l'un des problèmes les plus récurrents en même temps que les plus difficiles à traiter. Car ces demandes plurielles sur un même projet aboutissent au final à définir un cahier des charges intenable et irréalisable, surtout lorsque sont d'emblée proposées des solutions techniques particulières. S'il y a une certaine logique à confier à la personne idoine la définition de la partie du programme qu'elle maîtrise le mieux, il n'y en plus du tout lorsque la vision globale du projet est entamée. Ce qui est inévitable, dès lors que le nombre de personnes impliquées dans la programmation est trop important. Du coup, au lieu d'enrichir le projet, cette multiplicité le fragilise et génère des *consensus* peu propices à l'excellence environnementale.
L'affaire se complique quand d'autres interlocuteurs, extérieurs au projet, viennent rajouter une couche d'exigences qu'ils pensent écologiques. C'est le cas de certaines municipalités qui, quoique mal informées, se risquent à faire des prescriptions environnementales, sous couvert de gestion des risques ou de réglementations urbaines.

L'énergie grise

L'énergie grise est un concept de mesure créé afin de mieux cerner l'impact énergétique d'un produit. Son calcul prend en compte le plus possible de facteurs relatifs à la fabrication, l'usage et au recyclage de ce produit et donne une approximation de l'énergie consommée tout au long de son existence.

Prise de conscience

La conscience que l'architecture et l'organisation spatiale des villes ont un impact sur la qualité de vie des habitants est assez ancienne. Il existe de nombreux écrits qui, dès le Moyen Âge, relatent la pestilence de certaines rues[3] et la présence de nombreux déchets au cœur même de la cité. Plus proches de nous, les approches hygiénistes du XIXe siècle qui comptèrent, considérations esthético-militaires mises à part, dans l'action du baron Haussmann, furent également une voie pour interroger le rapport entre urbanité et confort des habitants.

Les architectes ont pris conscience que leurs réalisations pouvaient nuire gravement à la santé de leurs usagers

Avec l'amiante et le plomb hier, et aujourd'hui les formaldéhydes[4] et autres benzènes, particulièrement nocifs pour les personnes fragiles et certains enfants, les architectes ont pris conscience que leurs réalisations pouvaient nuire gravement à la santé de leurs usagers.

Mais il n'y a pas qu'avec les matériaux que l'architecture peut s'éloigner des objectifs d'un développement durable. Depuis l'invention de l'électricité, le confort moderne rime avec le recours aux systèmes techniques. Il n'est qu'à songer à la climatisation, à l'ascenseur, au chauffage ou encore à l'éclairage artificiel. Il en est résulté une pratique dominante dans la conception de l'architecture, à laquelle nous confessons nous-mêmes avoir pu succomber, qui a consisté à pallier les imperfections d'un édifice par l'ajout d'équipements divers. Cette facilité intellectuelle a fait oublier aux architectes que leur métier était d'abord de construire des bâtiments intelligents par eux-mêmes, agréables à vivre et respectueux de l'environnement, et qui ne s'appuient pas sur les béquilles de la technologie pour fonctionner correctement.

Encore aujourd'hui, l'idée que la technologie résoudra tout demeure tenace. Beaucoup de particuliers et de maîtres d'ouvrage estiment que bâtir durable ne peut se faire que par l'ajout d'équipements labellisés. Il est vrai que des mesures comme les crédits d'impôts pour l'achat de systèmes techniques estampillés « verts » sont de nature à les en convaincre. Et c'est ainsi, qu'en matière de réhabilitation, sortent des opérations aberrantes qui dotent d'anciennes

3. Cf. *La pollution au Moyen Âge*, Jean-Pierre Leguay, Éditions Gisserot Paris, 1999.

4. Le formaldéhyde est un gaz classé depuis juin 2004 par le Centre international de la recherche sur le cancer (CIRC) comme polluant cancérogène (groupe 1). Il fait partie des deux premiers polluants (avec le monoxyde de carbone) pour lesquels une valeur guide en air intérieur a été élaborée par le groupe d'experts piloté par l'AFSSET (Agence française de sécurité de l'environnement et du travail) au niveau national.

constructions – véritables passoires thermiques – de systèmes de chauffage performants.
Les solutions aux problèmes soulevés par le développement durable ne seront pas que techniques. Avec un même équipement, et en respectant les mêmes niveaux de confort, le comportement des résidants peut faire varier la facture d'un logement « écologique » du simple au double. La marge est aussi là, ne l'oublions pas. Nous devons donc évoluer dans nos mentalités et dans nos modes de vie et de consommation. Ainsi, lorsque nous proposons d'utiliser du bois brut naturel pour barder un édifice, nous assumons esthétiquement que le bois grise avec les ans. Il faut aussi que les utilisateurs l'assument de leur côté. Il faut que tous, architectes et usagers, acceptent de changer leur regard sur les bâtiments.

Émissions de gaz à effet de serre par secteur

Monde	France
énergie 25,9%	transports 26 %
industrie 19,4 %	industrie 20 %
mutations des terres 17,4 %	bâtiment 19 %
agriculture 13,5 %	agriculture sylviculture 19 %
transports 13,1 %	énergie 13 %
bâtiment 7,9 %	déchets 3 %
déchets 2,8 %	

Le bâtiment, un secteur polluant et énergétivore

Les objectifs de réduction des gaz à effet de serre passent donc par une remise à plat de nos modes de construction et de consommation de l'espace. Au plan mondial[5], le secteur du bâtiment n'arrive qu'en sixième position (7,9 %) des activités les plus émettrices de GES, derrière l'énergie (25,9 %), l'industrie (19,4 %), la déforestation et autres mutations des terres (17,4 %), l'agriculture (13,5 %) et les transports (13,1 %). En revanche, il est en France en troisième position (19 %), derrière les transports (26 %) et l'industrie (20 %)[6]. Toutefois, en termes de consommation, son impact est autrement plus conséquent. L'immobilier de bureau et l'immobilier résidentiel représentent 44 % de l'énergie consommée dans l'hexagone, devant les transports (31 %) et l'industrie (19 %)[7]. Il est enfin avec l'agriculture et la sylviculture le secteur qui produit le plus de déchets (40 % des déchets produits en France), très loin devant les ménages (4 %) ou les collectivités (2 %)[8].
Cette analyse des émissions de GES et de consommation énergétique par secteurs d'activité ne prend cependant pas en compte les incidences des formes urbaines et des types d'habitats construits sur les réseaux de transports et sur la consommation des terres.
Une véritable étude sur le coût réel des choix architecturaux et urbains reste à faire.
Est-ce à dire que les architectes et les urbanistes sont responsables de cette gabegie ? En tant qu'acteurs de la construction, ils ont évidemment un rôle crucial à jouer, même s'il faut toujours avoir à l'esprit qu'ils ne sont pas, loin s'en faut, les concepteurs de la majorité des espaces bâtis. La grande partie de la matière urbaine construite chaque année dans le monde échappe à leur contrôle. Ainsi, selon une étude effectuée en 2002 par l'Ordre national des architectes français, 68 % des bâtiments construits en France le sont sans architecte. Quant aux projets d'urbanisme c'est pire : 90 % le sont sans l'intervention d'un architecte ou d'un urbaniste.

5. Source GIEC, données 2004.
6. Source : MEEDDAT/CITEPA, données 2004.
7. Source : Observatoire de l'énergie
8. Source : Ademe. Chiffres 2004.

De nouvelles réalités

Le développement durable complexifie la nature même de la commande et nécessite de travailler autrement. La masse de données diverses (sociales, économiques, énergétiques, acoustiques, d'accessibilité, etc.) dont il faut tenir compte pour un projet est bien plus importante qu'auparavant. Pourtant, alors que nous serions fondés à demander plus de temps pour la conception, c'est la tendance inverse qui se développe. Les délais ne cessent de se réduire quand parallèlement le nombre de contraintes et d'informations s'accroît. Dernièrement, un concours d'urbanisme portant sur plusieurs centaines de milliers de mètres carrés auquel nous participions n'a laissé qu'un mois aux équipes pour rendre leur copie !
Du coup, le développement durable et la rapidité qu'exigent les maîtres d'ouvrage ont immanquablement un impact sur les méthodes de travail d'Architecture-Studio et remettent en cause ses modes de conception. Désormais, il s'agit de raisonner rapidement en termes d'inclusion avec des « et » et non des « ou », sans opposer les choses, mais en ménageant une place à chacune. Peut-être y étions-nous davantage préparés que d'autres en raison de la richesse et de la diversité des profils de nos collaborateurs qui nous ont très tôt incités à être ouverts et réceptifs aux discours de chacun. Au quotidien, vingt-cinq nationalités se côtoient à l'agence. Il n'y a pas chez nous de pensée unique, c'est même notre caractéristique. Toutefois, l'honnêteté nous oblige à confesser que le niveau de maturité des différents associés et collaborateurs d'Architecture-Studio sur la question du développement durable est loin d'être identique, même si nous partageons tous l'idée qu'il nous faut avancer, ensemble, pour dégager une culture commune.

Il s'agit de raisonner rapidement en termes d'inclusion avec des « et » et non des « ou »

En résumé, les implications de notre engagement en faveur du durable tiennent en trois principes incontournables. Il y a d'une part la nécessité de collaborer et d'agir en concertation avec l'ensemble des intervenants du projet. Ce qui nous incite parfois à faire venir en interne, c'est-à-dire dans notre agence, l'ensemble des partenaires d'un projet (bureau d'études, acousticien, énergéticien, etc.) pour dégager une culture d'équipe et gagner du temps. Ensuite, il nous faut refuser de tomber dans le piège de la facilité ou des actions ponctuelles à but uniquement démonstratif. Ceci nous entraîne à dépasser l'utopie que représente le durable en refusant certaines facilités techniques, et en participant à l'évolution de la réglementation. Enfin, plus généralement, nous devons développer notre capacité à être surpris, ce qui implique une ouverture au monde, une écoute particulière. Nous sommes en effet persuadés que l'avenir de l'architecture n'est pas dans l'architecture.

Ce dépassement nous oblige aussi à reconsidérer notre responsabilité en tant que bâtisseurs, donc à être conscients des impacts de ce que nous construisons. Ce qui nous semble intéressant et profondément créateur dans l'affirmation du développement durable, ce n'est pas tant de remplacer en apparence une idéologie (la croissance) par une autre (la décroissance), fut-elle drapée d'un soudain et romantique retour au respect de la nature, que de refonder les conditions d'une croissance durable, et par la même un certain nombre de valeurs sur lesquelles repose notre société. C'est le bon moment – le *kairos* diraient les Grecs – pour formuler de nouveaux rapports au monde. Et le monde, c'est bien sûr la nature et tout ce que l'on met sous ce terme, mais aussi les rapports humains compris dans leurs dimensions sociales, économiques et de gouvernance.

Le développement durable est une remise en cause heureuse de la pratique de notre métier. Il favorise la revalorisation de la conception et redonne une compétence spécifique à l'architecte, chargé d'arbitrer entre toutes les contraintes. Le danger serait de laisser les politiques, les experts, les industriels et les ingénieurs définir seuls ce que doit être l'architecture durable. Nous avons en tant qu'architecte un rôle à jouer pour faire évoluer la réglementation et innover en matière de conception. Il ne faut pas que nous laissions à d'autres le soin de savoir ce qui est bon pour l'architecture.

Le développement durable est une remise en cause heureuse de la pratique de notre métier

C'est pourquoi notre agence est impliquée dans des réflexions et des groupes de travail sur l'adaptation de la réglementation. Nous sommes ainsi un organisme ressource pour le groupe de travail « Entreprise et construction durable » mis en place en 2004 par le cabinet Utopies, spécialisé dans les stratégies de développement durable. Notre agence appartient également à l'Institut pour la conception environnementale du bâti (ICEB), une association qui regroupe architectes et ingénieurs régulièrement, et participe fréquemment à des réflexions sur l'évolution des normes françaises (Grenelle, COMOP).

Événements liés au développement durable

1972
Le rapport sur « Les limites de la croissance » commandé par le Club de Rome à une équipe du Massachusetts Institute of Technology prône une croissance maîtrisée pour limiter l'épuisement des ressources naturelles.
L'OCDE médiatise le principe pollueur-payeur.
1er Sommet de la Terre organisé à Stockholm par les Nations Unies.

1973
Premier choc pétrolier.

1979
Deuxième choc pétrolier.

1980
Un rapport de l'Union internationale pour la conservation de la nature utilise pour la première fois le terme de « sustainable development » traduit en français par développement durable.

1987
Gro Harlem Brundtland, directrice de la Commission mondiale de l'environnement et du développement, définit la politique nécessaire à un développement durable dans son rapport intitulé *Our Common Future* (Notre avenir à tous, NDLR).
Vingt-quatre pays signent le Protocole de Montréal visant à protéger la couche d'ozone par la réduction de 50 % des émissions CFC (chlorofluorocarbones).
Ce Protocole est aujourd'hui signé par 191 États.

1992
Le Sommet de la Terre de Rio précise la notion de développement durable.
170 pays adoptent le programme Agenda 21 qui liste 2500 recommandations pour mettre en œuvre le développement durable.
153 pays s'engagent à stabiliser la concentration des gaz à effet de serre en signant la Convention cadre des Nations Unies sur les changements climatiques (CCNUCC).

1997
Signature du Protocole de Kyoto par lequel les États promettent de réduire les émissions de gaz à effet de serre.

2002
Une centaine de chefs d'État ratifient un traité sur la conservation des ressources naturelles et de la biodiversité lors du Sommet mondial sur le développement durable de Johannesburg.

2006
Le rapport de l'économiste Nicholas Stern prévient que le monde perdra entre 5 et 20 % de son PIB d'ici 2050 si 1 % du PIB n'est pas investi chaque année pour la réduction des gaz à effet de serre.

2007
Le GIEC (groupe d'experts intergouvernemental sur l'évolution du climat) et Al Gore reçoivent le prix Nobel de la paix « pour leurs efforts en faveur de l'environnement ».
En France, le Grenelle de l'Environnement, réflexion réunissant collectivités locales, organisations et syndicats professionnels, organisations non gouvernementales et acteurs de la société civile, fixe de grandes orientations pour guider l'action des pouvoirs publics en matière de réduction des gaz à effet de serre, de lutte contre les pollutions diverses et de protection de la biodiversité.

2009
En décembre, le Sommet de Copenhague sur le climat déçoit. Les Etats-Unis et la Chine s'accordent, lors de discussions parallèles, pour imposer des engagements non contraignant bien en deçà des volontés affichés.

2010-2011
L'Union Européenne confirme son engagement de - 20 % d'émissions de gaz à effet de serre par rapport à 1990.
L'UE définie une feuille de route vers une économie compétitive à faible intensité de carbone en 2050.

可持续发展一经济与文化的体现

可持续发展在几年的时间内迅速成为了我们对生活方式及未来进行反思的一项要素。21世纪初期，几乎不再有任何政治人物、大型或中小企业能够理直气壮地表示对此漠不关心，尽管这种态度多出现在各类公关活动之中。与生态保护相比，近期的重大国际事件多与地缘政治有关，例如乌克兰与俄罗斯之间爆发的危机，后者曾威胁切断对这位东欧集团旧日盟友的天然气供应，还有*2008*年中期开始飞涨的油价均说明人们已经意识到化石能源的弥足珍贵。各个时期的研究成果都在警示我们，地球已处于不断恶化的危境之中，我们的水污染日益严重，空气质量每况愈下，膏腴之地渐渐被化学残留物所吞噬。

随着社会敏感度的与日俱增，减耗能源与降低危害的生活方式成为了保护地球的必要措施，而这则需要媒体对包括生态印记在内的若干概念进行宣导。就这样，打造新型建筑的苛刻要求顺势而立。我们的客户希望能够一举兼得，既要有宽敞而美观的空间，又要有益于健康的环保材料与节能效果。不仅如此，越来越多的委托人甚至要求我们利用雨水回收与过滤系统提供饮用水，抑或用于基本的卫浴设备清洗与洁厕。与此同时，虽然我们尚未涉足人们在饮食上的需求，但是在住所旁建立食品种植区的项目已随处可见，其中更是不乏高层建筑。就这样，建筑在我们眼中仿佛幻化成了一座熔炉，所有的请求以及与可持续发展休戚相关的种种忧虑在那里凝练结晶。

新生的认知

对可持续发展必要性的认识的确在西方世界方兴未艾，而这则始于京都议定书的签署*(2007)*与以此为题的全球热议。如果说该主题曾在过去令某些人群激动不已的话，那么它或多或少还停留在秘而不宣的阶段，并仅仅作为政见出现在以此为主要标志的各支左翼绿党的阵营之中。基于上述观点，哲学家汉斯·尤纳斯*(Hans Jonas)*于*1979*年在自己的«责任原则»*("Le principe responsabilité")*一书中将预防原则进行了理论化阐述就环保主义者而言，该原则在今天看来显得极其有效。

这一迫切的要求发挥着不无裨益的作用。它如同一个符号，象征着可持续发展自此成为了可供分享的文化趋势以及人们对广义环境的盎然兴味。如今，法国的小学开设了有关废物管理与节能节水的课程。因此，这些往日的文明举动将会逐步发展成文化行为。我们的孩子正在学习怎样呵护他们的地球，就好比昨日的我们学习如何照顾自己的身体一样。今天，可持续发展的身影无处不在，我们将无法逃避。

在它的引领下，身为建筑师的我们将尽早把所有的制约纳入设计过程中，而在过去面对这些问题时，我们至多采取零散的处理。我们不能否认自己渴望更进一步。作为文化的参与者，法国AS建筑工作室必须重视能否对此做出回应。

这样的认知是出于我们对文脉的热衷

我们不愿人云亦云，而是通过对问题的全面掌握给出答案。的确如此，表达出对可持续发展的赞同并将这一立场自豪地展现出来易如反掌，然而这并不能促使我们对该命题进行真正的思考。与之相反的是，我们同样可以轻而易举地利用带有讽刺意味的口吻强调，从本质上讲，建筑物的使命便是可持续使用，因为它们无需对改善自然环境负责。建筑物不仅会干扰环境，甚至会导致局部的破坏，而它们背负的首要职责却是改善人类的生存条件。

就我们而言，这样的认知首先是出于我们对文脉的热衷，我们将之定义为物理环境（工程所在地以及与周边景致的关系）、社会环境与监管环境的统称。我们的建筑作品所具有的美感与外形多是源自对上述环境的解读。这不仅是因为我们始终希望能够肩负起人类赖以生存繁衍的世界赋予我们的责任，还因为我们已愈发关注可持续发展的进程。

就该词所具有的环境内涵而言，我们的首批可持续性项目始于利用水汽蒸发作用冷却空气的马斯喀特法国大使馆（阿曼苏丹国，*1989*），抑或是巴黎大学生公寓（巴黎，*1996*），其双层幕墙的设计有效缓解了环城公路带来的噪声影响并提供可以举办各类活动的公共流动空间。借助各式各样的竣工项目以及建筑与城市的研究工作，当然还包括形态各异的委托国，我们很快便遇到了如何因地制宜地进行环境与智慧设计这一问题。事后我们甚至相信自己曾在若干领域内扮演着先驱的角色，因为改进工作方法正是我们的重中之重，这使得我们可以对所处职业环境内的社会与经济的整体现状进行更为全面的考量。接触实际情况，处理随之而来的种种矛盾与困难是我们一如既往的承诺。

这一特殊的建筑经济注定可与传统模式相媲美

此外，正是这样的承诺引领我们建造完成了多座监狱。可这是为什么呢？究其原因，我们生活在一个法治国家，剥夺自由之地仍旧是保障人权的途径之一。显而易见的是，倘若我们可以回绝在那些依然执行死刑或司法频遭质疑的国家建造监狱的话，我们却不能将法国等同视之，尤其是在我们准备将那些陈旧建筑物取替时，而它们的堪忧状况人尽皆知。我们怎能拒绝此类工程项目呢？是由于盲目的人文关怀不愿因触及现实而连累自己吗？即使此类项目困难重重、徒劳无益且极度受限，我们仍旧愿意相信自己能够在环境与以人为本的层面引入可持续发展的理念，做到吐故纳新。

时至今日，可持续建筑的市场渐渐浮现，并参与了建造行业的发展。在法国，公共建筑率先对环境提出了严苛的要求，以至于在今天，单一的国家或地方招标已不复存在，而是要求项目管理人严格遵循高环境质量（*HQE*）的流程，甚至有加无已。业内人士很快便了解了投身到有关建材、性能更佳的系统以及化石与灰色能源减耗的科研工作中能够获得的利益回报。然而，该市场仍旧脆弱，此时此刻的它正在等待合适的工业生产技术与建筑所给出的解决方案，也就是合理的成本。

高环境质量

高环境质量标准首创于*1996*年，其目的在于建造新型建筑或改善建筑现状，并在建造、开发以及随后的拆除时限制建筑物对环境的影响。这是一项分为*4*个主题与*14*项目标的整体措施。
（请参见下页列表）

未来几年，这一特殊的建筑经济注定可与传统模式相媲美，尤其是在总成本——工程所产生的整体费用（设计、建造、维护与物业管理）的概念转化为计算建筑物价格的基准概念时。

更普遍来讲，无论涉及哪一行业（食品、能源、汽车、建筑，等等），可持续经济均是其中的一个环节，其市场份额逐年跳跃式增长，并可在未来提供大量的就业机会。在法国，格勒奈尔环境会议（*Grenelle de l'environnement*）将会加速这一进程。与英国类似，它将为新造建筑制定严格的耗能标准，以期加速特殊市场的出现，而这一更为高价的市场将服务于节能类建筑。

建筑物环境质量的*14*项目标

控制对外部环境的影响

生态建造：
- ·建筑物与相邻环境的和谐关系
- ·建筑制品与材料的综合选择
- ·低危害性施工地

生态管理：
- ·能源
- ·用水
- ·工程废料
- ·维修与维护

创造令人满意的内部环境

舒适度：
- ·湿度
- ·听觉性
- ·视觉性
- ·嗅觉性

健康性：
- ·空间内的卫生条件
- ·空气质量
- ·饮用水质量

满足更为合理的要求

可持续发展的革命将改变我们的经济与生活模式，等待之中的我们有时必须要去适应源于社会与监管环境的种种矛盾需求。

众所周知的是，大多数法国人梦想拥有一座独栋别墅。然而，这样的建筑类型将导致城区的肆意扩张。它不仅会破坏环境，蛀蚀土地与景观，加速耕地的割裂和消失，还会造成税收增加，特别是提高基建网络（水、电）所产生的费用，致使城镇与家庭负担高额的预算支出。对于独门独院的生活而言，家家户户至少需要拥有一辆汽车，它是前往工作地点或接送子女上学的必备工具。可是，于*2008*年初开始上涨的油气价格造成市郊住户的出行与供暖开销大幅攀升，从而显示出了此类城市规划的种种局限。因为，无论是在美学还是节能方面，这些建于城市周边地区的住宅均缺乏出众的环境质量。当油价再度上涨时，诸位专家所预测的这一长期结果将给各个家庭带来灭顶之灾，尤其是那些中低收入家庭。

与此同时，某些社会学家和心理学家[1]还将矛头指向了此类城市规划所引发的社会脱节现象。相关的政治研究显示，极端的选票，尤其是极右翼政党所获得的选票主要来自郊外及乡村[2]，而市中心的选民则更愿承认执政各党的合法地位。所以，城市的扩张自然而然地成为了一项议题，并影响着可持续发展的多个方面：环境、社会与经济。这就是我们在面对该主题时无法漠视，无法拒绝聆听数百万近郊居民心声的原因所在。

1. 尤其是吉拉尔·瓦伊克曼（*Gérard Wajcman*），他曾在出席由"梦之门"建筑中心（*ACTAR*）主办、于波尔多召开的研讨会时对此表态。
2. 请参考地理学者克里斯托弗·吉利（*Christophe Guilly*）为巴黎政治大学政治研究中心（*Cevipof*）所进行的相关研究。

生态足迹

是一种测定方法，用于分析人类生活对地球所产生影响的程度。其计算模式为，通过评估给定数量的人口所需的生产型土地面积得出资源消耗与废物处理方面的数据。无论是个人、国家、全人类，还是建筑物、城市与交通工具均可采用生态足迹法进行测评。*2003*年，依照世界自然基金会（*WWF*）的数据，人类生态足迹值超过了*1.2*，换言之，地球的土地面积已无法满足人类的需求。

城市的扩张自然而然地成为了一项影响可持续发展的议题

我们曾利用位于昂热西南市郊的小乡村——布什迈纳(*Bouchemaine*)的可持续住宅区项目这一机会对该问题进行了细致的思考。虽然我们的环境研究室曾督促我们仅需从高效节能的角度去进行项目设计,但是我们预估,该项目的社会层面同样不容忽视,且必将成为其中的重要元素。于是,我们不仅悉心设计符合生态标准的高节能、高采光建筑,还坚持推进城市规划的社会化,从而使当地居民可以交互往来,而非在独栋社区中司空见惯地离群索居。为了利用乡间小路完成房屋的带状布局,我们选择将机动车辆全部放置在停车场内,使住宅区免受其干扰,并在每一组住房群的中心开辟了无安全隐患的小型广场作为孩子们的游乐空间。

蒙彼利埃的玛丽亚娜公园区是一处围绕步行公园而建的新区,其改造工程与布什迈纳项目根脉相承。在为该区进行布局时,我们试图从社会及城市两个方面入手,采用真正意义上的可持续手段,并与所有的参与人员交换意见。究其原因,可持续发展不能被简单地概括为某些指导方针与技术上的取舍,因为各类技术均会不断遭受新型工艺的考问,甚至偶尔还会遭受旧有技术的质疑。此类项目的真正难点正在于如何权衡利弊。鉴于此,雄心勃勃的我们与项目管理方就建筑方案展开了讨论,而这样的对话可能会令我们心灰意冷。尽管如此,我们仍需在这一艰难的博弈过程中求得平衡。

格勒奈尔环境会议

该会议是指在法国各界(工业、环保组织、科研人员、民选代表与政府)之间展开的一轮协商,其目的在于制定一系列法案,尤其是要在*2020*年达到减排二氧化碳*1/4*的目标。于是,首批法规与举措于*2007*至*2008*年间相继出台,特别是其中的购车奖惩计划。

在这种情况下,我们凭借对城市环境的考量找到了两全其美的办法。这些建筑的高度(6层)不仅不会影响住宅对外部空间的利用,还提供了可以远眺中央公园的视野。另外,它们还配备有可将冷水预热的太阳能光热系统,并同时使用自潜水层汲水、在冬季时可为房内加温的热泵。此类项目能够满足居民对绿色及室外空间的双重期待,无论是在市区还是城郊,这些建筑均可以优化利用有限的土地资源,打造高效节能的住房。

对大事小情进行管理是我们每日必遇的挑战:节约建造开支,解决层出不穷的问题,考虑表意模糊甚至荒谬的要求。我们的工作便是处理比以往更甚的复杂矛盾。

不仅如此，法国AS建筑工作室还以具有建设性的方式与乐观的态度扮演着自己的角色。虽然理想的环境与要求永远不会到来，但这并没有阻止我们探索的脚步。在遇到跨国公司的海外项目时，我们同样倾向于设计尊重环境的建筑。然而，由于追加费用的产生以及强制性法规的缺失，我们的客户往往难以被这样的建议所说服。他们至多愿意对此加以考虑，但也仅仅是个选项罢了。为了能够保证不超逾预算，他们会在随后对项目进行"瘦身"。如果这样的态度能够被理解的话，那么建筑师将与汽车制造商别无二致，去接受以标准模式为基础的委托要求。然而，我们渴望实施的方案并非该工程的一个"选项"，而是其中的结构元素。考虑到客户对此漠然置之的态度，我们决定"悄然"建造高环境质量的建筑，并对他们只字不提。自那以后，该项目逐渐获得了对方的认可，并得以进入建造阶段。

然而，另一种对可持续的"过度要求"同时存在，它可能会损害项目的整体质量。因此，我们时而不得不去面对项目中的利益各方，而每一方均开诚布公地定义着自己在项目计划书中的所占有的位置，标榜着自己在环境方面的见地。这常常会引发方案目标与遵循环保的承诺之间出现矛盾，例如有人强调房间内必须保持某一温度，与此同时，又会有另一人坚持不应在任何情况下启用空调设备。

在目前看来，此类状况的频频发生还会诱发其他疑难问题。因为，在同一项目中出现如此之多的要求，尤其是铺天盖地的个人想法将造成计划书难堪重负，最终无法实现。依照逻辑，倘若我们可以找到对方案了若指掌的合适人选，并委托其对责权进行划分的话，那么在进行项目概览时，上述问题便会迎刃而解。所以，一旦出现方案牵涉人员过多的局面，我们就必须采取这一措施，这是因为，大量的想法不仅不能充实项目内容，反而会使其脆弱不堪，还会破坏优良的工作环境。

当某些外部人士参与其中，并加入他们认为代表生态理念的种种要求时，项目的操作将会变得愈发错综复杂。这一情况曾出现在某些地方委员身上，尽管他们对可持续发展不甚了解，但还会假借风险管理或城市法规的名义冒险提出若干有关环保方面的要求。

灰色能源

灰色能源是一种计量概念，旨在对某一产品的能源影响进行更为准确的了解。该计算方法尽可能充分考虑与产品制造、使用及再生相关的因素，并对产品在整个生命周期中的耗能状况进行估算。

觉悟

建筑与城市的空间组织影响着居民的生活质量，这样的认知由来已久。自中世纪起便有大量文字记录着有关某某街区[3]瘟疫横行、城镇中心垃圾成患的状况。时间推至19世纪，作为考问城市化与居民安康两者关系的另一途径，奥斯曼男爵将卫生学家的建议纳入计划之中，而将美学及军事上的考量搁置一旁。

建筑师们已经意识到建筑物会对住户的健康造成严重的伤害

无论是昔日的石棉与铅料，还是如今的甲醛[4]以及对体弱者与部分儿童特别有害的其他苯物质，建筑师们已经意识到建筑物会对住户的健康造成严重的危害。

然而，令建筑逐渐偏离可持续发展这一目标的罪魁祸首不能仅仅归结为所使用的建材。自从人类发明电以来，例如空调、电梯、暖气或人造照明等浮现于脑海的现代化起居设备便开始依赖于各类技术系统。由此而来的结果是，添加形形色色的设备以掩盖建筑物本身的瑕疵这一建筑设计的主导行为已使我们低首俯心，我们对此自认不讳。这种投机取巧的方式令建筑师们将自己的首要任务抛之脑后，即打造彰显智慧、注重环境的宜居建筑，而非借助于科技手段作为它们抵御星霜荏苒的“拐杖”。

时至今日，科技无所不能的观念仍旧如日方升。许多市民与委托方认为，可持续建造唯有在添加各类保障设备后方能实现。
的确如此，例如选择可用于购买“绿色” 产品的税收抵免政策才能令他们心悦诚服。
于是，为毫无隔热功能可言的老旧建筑配备高质量供暖系统的异常现象便发生在了它们的改造过程之中。

3.“中世纪的污染状况”（*La pollution au Moyen Âge*），让一皮埃尔·勒盖（*Jean-Pierre Leguay*），巴黎吉瑟罗出版社（*Éditions Gisserot*），1999年4月。

4. 2004年6月，被国际癌症研究中心（CIRC）列为致癌气体的甲醛（第一组）属于两大污染物之一（另一为一氧化碳）。法国工作及卫生环境安全事务所（AFSSET）的专家团队为此制定了全法通行的室内空气指标。

面对这些问题,可持续发展所给予的解决之道不单单涉及技术层面。即使拥有同样的设备,同样的舒适度,住户自身的所作所为也会对某一"生态"住宅造成双倍的消耗。请不要忘记,我们同样有改善自我品行以及生活与消费模式的余地。因此,当我们建议使用天然原木包盖建筑物时,之于审美而言,我们接受木材在年复一年中逐渐褪色的事实,而住户也应默许这一改变。无论是建筑师,还是居住者,所有人均应懂得从不同的角度出发去审视这些建筑。

各行业温室气体排放状况

世界范围	法国本土
能源业 25.9%	交通业 26 %
工业 19.4 %	工业 20 %
土地开发业 17.4 %	建筑业 19 %
农业 13.5 %	农林业 19 %
交通业 13.1 %	能源业 13 %
建筑业 7.9 %	废物处理业 3 %
废物处理业 2.8 %	

建筑业,一个能源密集型污染类行业

温室气体减排的目标是彻底反思我们在建造与空间消耗上的方式。纵观全球[5],建筑业在排放温室气体的行业中仅排名第六位(7.9%),此前分别为能源业(25.9%)、工业(19.4%)、森林砍伐及其他土地开发业(17.4%)、农业(13.5%)与交通业(13.1%)。但令人警醒的是,建筑业在法国本土却高居第三,仅次于交通业(26%)与工业(20%)[6]。

过去,建筑业的耗能问题更为明显。商用及民用建筑业占据全法能源消耗总量的44%,位于交通业(31%)与工业(19%)[7]之前。最终,它还与农林业一道成为了废物排放量最大的行业并居于首位,(占全法废物排放总量的40%),远远超过家庭总和(4%)或公共机构(2%)[8]。然而,这一根据不同行业所进行的温室气体排放与耗能分析并未将建立在交通网络与土地消耗之上的城镇与居住形式所带来的影响一并考虑。有关建筑及城市规划所需的实际成本仍有待深入研究。

上述这一混乱局面是由建筑师与城市规划师一手造成的吗?身为建造领域的一分子,他们显然扮演着关键的角色,然而我们不应忘记,他们远非多数已建空间的设计者。每年在全球进行的城建项目中,有相当一部分缺乏他们的监管。例如由法国建筑师总会于2002年所进行的研究显示,68%的法国本土建筑未有建筑师介入。至于城市规划项目,情况更为糟糕:其中90%未有建筑师与城市规划师参与。

5. 数据来源:政府间气候变化委员会(GIEC),2004。
6. 数据来源:法国生态、能源、可持续发展及国土整治部(MEEDDAT)/大气污染研究跨行业技术中心(CITEPA),2004。
7. 数据来源:法国能源观察研究所。
8. 数据来源:法国环境与能源管理署(Ademe),2004。

前所未遇的现实

可持续发展不仅会使委托项目的性质愈加复杂，还势必导致工作方式的改变。就某一项目而言，对大量数据（社会、经济、能源、声学、消防安全等）予以考虑显得比过去更为重要。虽然我们有理由将较多的时间花费在设计之上，但与之相反的趋势却在发展之中。每每在竣工期日益临近之际，我们所遭遇的局限与信息的数量反而有增无减。近日，我们参与了一项招标活动，其内容涉及数十万平方米的城市规划项目，而交付期限仅为一个月！

于是，委托方强烈要求的可持续发展与工程速度会对法国AS建筑工作室的工作方法带来无可避免的冲击，并反复考问相关的设计方案。重要的是，我们自此开始利用"和"的概念而非"或"的概念去迅速思考"涵括"的问题，在不背离任何事物的同时使之各就其位。与他人相比，我们的准备或许更为充分，因为我们拥有丰富而多元的工作团队，是他们促使我们迅速懂得了如何博采众长、集思广益。在事物所的日常工作中，来自全球二十五个国家的工作人员比邻而坐。单一的思维方式在我们这里无迹可寻，这甚至是我们的一大特色。然而，我们必须坦率地承认，各位合伙人与工作人员在看待可持续发展问题上的成熟度远未达到一致，尽管我们均赞同群策群力，培养共同认知的观点。

重要的是利用"和"的概念而非"或"的概念去迅速思考"涵括"的问题

总而言之，我们对可持续发展的承诺建立在无法回避的三项原则之上。首先，我们需与项目参与人联袂，共同行动。这有时还会促使我们邀请某一项目的合作各方（工程师、声学与能源专家等）参与其中，来到我们的事物所，旨在建立统一的团队文化，争取时间。其次，我们应当拒绝坠入去繁就简的陷阱，抑或是只重外在的短期行为。这将带领我们超越可持续发展织就的幻想，拒绝在技术上投机取巧，顺应规章制度的发展。最后，更普遍来讲，我们必须拥有制造惊喜的能力，这意味着我们要面向世界，倾听不同的声音。事实上，我们无法否认，建筑的未来并非取决于建筑本身。

可持续发展积极地重新评估着我们的工作

与此同时，这样的超越还迫使我们重新考虑建造者应背负的责任，因此，我们必须意识到因建造而产生的种种影响。在我们看来不仅耐人寻味而且颇具创造性的是，纵使在须臾间浪漫地回归环保之路并以此作为掩饰，遵循可持续发展与否并非浅显地用某一意识形态（递减）取代另外一个（递增），而是要为可持续增长重新创造条件，借此重铸当今社会所依存的某些价值。这正是我们与世界重塑关系的适宜时刻，与古希腊人口中的“契机”（*kairos*）一词不谋而合。
毫无疑问，世界不仅代表着大自然与该词所涵盖的万事万物，还是人类关系在社会、经济与治理层面上的体现。

可持续发展积极地重新评估着我们的工作，它不仅益于提升建筑设计的价值，还可再次给予负责判定种种局限的建筑师一项特殊的本领。弊害来自于政客、专家、企业家与工程师独行其是地去定义何谓可持续建筑。身为建筑师的我们扮演着推动法规修订、进行设计创新角色。我们不应让他人去挂虑什么才能令建筑受益。

这就是为什么我们不仅献计献策，还参与了相关法规的制定工作。因此，我们成为了由可持续发展战略方面的专业事务所——“乌托邦”于*2004*年创建的“企业与可持续建筑”（*Entreprise et construction durable*）工作团队的资源提供机构。我们的事务所还是建筑环境设计研究院（*ICEB*）的一分子，该院不仅定期邀请建筑师与工程师前来共同探讨，还频繁参与到全法通用标准（格勒奈尔执行委员会）的修订工作中去。

可持续发展大事件一览

1972
受罗马俱乐部委托，麻省理工学院«限制增长»报告倡导控制（经济）增长用以降低对自然资源的消耗。
世界经合组织推出“污染者赔付原则”。
由联合国举办的首届地球峰会在斯德哥尔摩召开。

1973
第一次石油危机。

1979
第二次石油危机。

1980
世界自然保护联盟的一项报告首次使用“可持续发展”一词。

1987
世界环境与发展委员会主席格罗·哈莱姆·布伦特兰女士（*Gro Harlem Brundtland*）在一项名为«我们共同的未来»（*Our Common Future*）的报告中明确指出政治是可持续发展的必要保障。
*24*国共同签署«蒙特利尔议定书»，旨在通过减排*50%*氯氟化碳（氟利昂）来保护地球臭氧层。今天，该议定书的签署国已达*191*个。

1992
里约地球峰会明确了可持续发展的概念。
*170*个国家通过«*21*世纪议程»，并提出*2500*项与实现可持续发展有关的建议。
*153*个国家承诺控制温室气体浓度，并签署«联合国气候变化框架公约»。

1997
京都议定书各签署国允诺降低温室气体排放量。

2002
出席约翰内斯堡可持续发展世界峰会的百余位各国元首共同起草«自然资源与生物多样性保护»宪章。

2006
经济学家尼古拉斯·斯特恩公布的报告预测，全球每年需投入世界生产总值的*1%*用于降低温室气体排放量，一旦未能实施，世界生产总值将会在*2050*年下降*5*至*20*个百分点。

2007
政府间气候变化委员会与阿尔·戈尔被授予诺贝尔和平奖，旨在表彰他们在环保方面所做出的努力。
法国格勒奈尔环境会议齐聚各大地方团体、机构、职业工会、非政府组织与民间人士共同商议对策，并制定了重大方针，政府采取行动，在降低温室气体排放的同时对抗各类污染，保护生物多样性。

2009年
当年*12*月，哥本哈根气候大会在失望中落下帷幕。通过谈判，中美两国同意签署非约束性协议，但这并未达到人们的预期目标。

2010-2011年
欧盟以*1990*年基准，承诺减排温室气体*20%*，并通过制定«*2050*能源路线图»逐步实现颇具竞争力的低碳经济。

cas de figure
案例推介

Vers une esthétique de l'architecture durable

L'architecture durable induit de multiples modifications dans l'aspect des bâtiments. Elle modifie leur forme, leur volumétrie, leurs dimensions aussi, ainsi que la position de leurs ouvertures. De plus, elle a également un grand impact dans le choix des matériaux. Prenons l'exemple des façades. Pour faire simple, jusqu'à Auguste Perret, une façade se présentait d'un seul tenant, était constituée d'un ou deux matériaux, et avait plusieurs fonctions : structurelle, isolation thermique et phonique, apport de lumière naturelle, esthétique. À partir du mouvement moderne, ces fonctions commencent à être assurées par différentes couches de matériaux et la façade se décompose en plusieurs parois.

La recherche d'une meilleure efficacité environnementale et les recherches contre la déperdition énergétique des bâtiments conduisent aujourd'hui dans certains cas à amplifier ce phénomène et à multiplier les couches, en rajoutant des protections solaires fixes ou mobiles, des isolations extérieures multicouches, des vêtures, des capteurs d'énergie (passifs, photovoltaïques), ou encore des dispositifs de régulation de lumière naturelle. *A contrario*, l'architecture durable privilégie aussi dans de nombreuses occasions le monolithisme de l'enveloppe. Cette compacité est obtenue notamment en construisant la façade avec un minimum de matériaux, qui utiliseront un minimum d'énergie grise. On pense sur ce point aux doubles voiles de béton isolé ou avec vide d'air, aux parois pariéto-dynamiques (c'est-à-dire utilisant une paroi composée de plusieurs lames au sein de laquelle circule de l'air capté à l'extérieur qui est ainsi réchauffé et réinjecté dans le bâtiment), aux murs en terre (qui assurent une fonction structurelle, une très bonne inertie ainsi qu'une excellente isolation thermique), mais aussi aux façades tout bois monolithes.

Ces deux tendances ne sont pas contradictoires et peuvent même se retrouver dans un même bâtiment. Ce qui est important, c'est d'adapter la conception du bâtiment et sa forme à son contexte. L'architecture durable n'est pas réductible à un modèle qui serait exportable dans n'importe quel lieu. Nous sommes ici bien loin de la logique du mouvement moderne et de sa volonté d'apporter des solutions toutes faites. L'architecture environnementale prend en compte son environnement qui est différent à chaque fois.

追求美观的可持续建筑

不管是外形、体积，还是尺寸与门窗洞的位置，可持续建筑的技术手段会使建筑物的外观发生多重改变。除此之外，它还会对建材的选择起到至关重要的作用。以建筑立面为例，简单来讲，在奥古斯特·佩雷(*Auguste Perret*)之前，一幢建筑物的立面是由一到两种材料组合而成的整体墙，并具有结构功能、隔热与隔音功能、日光照明功能与美学功能，等等。自现代主义运动以来，不同的材料层为实现上述功能提供了保障，而建筑外墙也被划分为若干层"皮肤"。

如今，为寻求最佳的环境效果，减少建筑物的能量损失在某些情况下会放大上述现象，这导致了材料层的成倍增加。另外，我们还会为此添加固定的或活动式遮阳系统、多层外保温墙体、绝缘包层、(被动式光伏)能量收集器或自然光调节系统。

与之相反的是，在多种情况下，可持续建筑会优先选择统一的建筑表层。为了达到这样的密度，我们需要特别重视如何在建造外墙时尽量减少对建材的使用，从而最大限度地降低对灰色能源的消耗。针对这一点，我们考虑双层混凝土绝缘墙或动态空斗墙(即利用可将外部空气循环加热并传送至建筑物内的多层墙体)、挡墙(在保证结构功能的同时拥有极佳的热惰性与隔热效果)以及全木制单片外墙。

上述两大趋势并非相互矛盾，它们甚至能够在同一建筑中共存。重要的是如何让建筑设计与外观能够适应所处环境。可持续建筑不能简单地归结为宜于任意地点的通用模式。我们与现代主义的追求仍旧相去甚远，更无法提供无所不能的设计方案，这是因为环境类建筑需要考虑因地而异的环境。

Résidence universitaire Croisset
Paris
巴黎大学生公寓

Double peau

Cette dissociation des fonctions de la façade se concrétise d'abord dans les doubles peaux. Ce dispositif de façade fonctionne selon le principe du manteau. Il crée une couche d'air isolante (thermiquement mais aussi acoustiquement) qui est réchauffée passivement par l'apport solaire. La double peau permet aussi de supprimer l'effet de paroi froide en hiver, donc de réduire la consommation énergétique du bâtiment; et protège des surchauffes l'été.

La plus grande double peau que l'agence ait mise en œuvre reste celle de la **résidence universitaire Croisset** (Paris, France, 1996). Il s'agissait ici avant tout de protéger les résidants du bruit incessant du trafic automobile généré par le périphérique le long duquel court le bâtiment. Le **Parlement européen** (Strasbourg, France, 1999) est lui aussi doté sur l'une de ses façades d'une double peau qui tient ici un rôle d'isolant thermique.

Parlement européen
Strasbourg
欧洲议会,
斯特拉斯堡

双层幕墙

对立面功能的划分首先体现在了双层幕墙之上。这样的立面形式与建筑围护结构的原则密不可分。它不仅创造了可利用太阳辐射进行被动加温的空气隔绝层(隔热与隔音),还可以消除冬季的冷壁效应,从而使该建筑物在减少耗能的同时防止夏季过热。

在本事务所设计的双层幕墙中,规模最大的当属巴黎大学生公寓(法国巴黎,*1996*),其首要的目的是保护位处环城公路沿线上的公寓住户免受机动车噪声的干扰。欧洲议会大楼(法国斯特拉斯堡,*1999*)同样在单侧使用了双层幕墙,而它却起到了隔热的作用。

Institut du monde arabe
Paris
阿拉伯世界研究中心，
巴黎

Façade active

Les façades peuvent également assurer d'autres types de fonctions et en particulier la gestion de l'apport de lumière. Notre première construction mettant en œuvre une façade opacifiante est sans aucun doute l'**Institut du monde arabe** (Paris, France, 1987). Son principe reprend le mécanisme du diaphragme d'un appareil photo qui s'ouvre lorsque la lumière est de faible intensité et se ferme lorsque celle-ci est trop importante. À l'origine commandés par un système de cellules photoélectriques, les modules d'aluminium permettant l'obturation ou l'ouverture de chaque panneau sont aujourd'hui commandés manuellement. Ce qui n'enlève rien à la magie de ce moucharabieh *high-tech*.

Le projet de la **Tour D2** (2007), à La Défense (France), nous a permis de repenser l'idée d'une façade performante tirant à la fois partie des rayonnements solaires et des vents sans pour cela épaissir outre mesure l'édifice. La forme de la tour a été conçue afin d'optimiser l'éclairage naturel dans les parties bureaux et ainsi permettre de substantielles économies d'énergie et de coût d'exploitation durant tout le cycle de vie du bâtiment. Selon leur exposition, les différents côtés de la façade se protègent ou tirent partie de la lumière au moyen de sérigraphies plus ou moins couvrantes,

Tour D2
Paris - La Défense
拉·德芳斯*D2*办公大楼，巴黎

动态外墙

建筑外墙同样能够有效地提供其他功能，尤其是对日照的管理。我们的首个阻光外墙建筑无疑是阿拉伯世界研究中心（法国巴黎，*1987*），其原则是采用相机光圈的机械原理，在户外光线较弱时开启，过度时闭合。起初通过光电池系统进行控制的铝板均可完成独立开闭，而现在则需手动操作，但这丝毫没有掩盖（阿拉伯式）高科技遮窗隔栅的神奇之处。

拉·德芳斯*D2*办公大楼项目（法国，巴黎，*2007*）曾使我们重新思考如何在墙体厚度不变的情况下打造出可利用太阳辐射与自然风的高性能外墙。大楼的外型设计可以优化办公区域的自然采光，从而使建筑物在其生命周期内大量减耗能源，降低经营成本。根据曝露情况，各个立面既可进行自我避光，也可依靠相对密集的丝网印刷玻璃、百叶窗或遮阳板进行采光。此外，大楼的表层共由三面此类外墙构成，其朝向还益于建筑物的自然通风，无须过多借助机械设备。

Centre culturel Onassis
Athènes
奥纳西斯文学美术馆

de stores intégrés ou de brise-soleil. Parallèlement, l'orientation des trois voiles composant l'enveloppe de la tour permet de ventiler naturellement le bâtiment sans trop avoir recours à la ventilation mécanique.

Le **Centre culturel Onassis** (Athènes, livraison 2010) met lui aussi en œuvre une façade intelligente mais tendance *low-tech*, l'essentiel du dispositif reposant sur un système de protection solaire extérieure gérant les apports lumineux. Un procédé identique est utilisé pour l'**École des Mines** (Albi, France, 1995).
Pour atteindre les mêmes objectifs, les façades du **Centre commun de recherche (JCR) de la Commission européenne** à Ispra (Italie, livraison 2012) nous ont donné plus de fil à retordre avec le bureau d'études. De nombreux calculs ont en effet été nécessaires pour éviter les phénomènes d'éblouissements et de surchauffe tout en ayant un très bon facteur solaire dans les laboratoires et les bureaux en espaces ouverts. Essentiellement vitrées, les façades est et ouest de ce complexe de recherche sont parées de brise-soleil eux aussi en verre qui laissent passer la lumière tout en en réfléchissant une partie. Ceci est rendu possible par l'utilisation de teintes spécifiques et par l'orientation et l'épaisseur des lames de verre. Cette façade s'apparente dans son principe à une double peau.

École des Mines
Albi
阿尔比矿业学院

同样采取了智慧型外墙设计的奥纳西斯文学美术馆(雅典，2010年交付使用)并未使用任何高科技手段，其核心内容是通过外部遮阳系统控制采光。类似的方法还被用于矿业学院项目(法国阿尔比，1995)。
无独有偶，我们在构思伊斯普拉的ISPRA联合研究中心(JCR，意大利)的外墙时可谓煞费苦心。为了避免发生光线过强与温度过高现象，并为这里的实验室与开敞式办公室采集适宜的阳光，我们进行了大量的计算工作，而这的确是本项目中不可或缺的一环。该综合型科研大楼的东、西立面主要以玻璃外墙为主，并辅以同为玻璃材质的遮阳板，从而可以让适度的光线射入楼内。基于此，我们采用了特殊的着色与朝向，并选择了厚度相宜的玻璃板条。这样的立面设计正与双层幕墙的原则相吻合。

Centre de recherche, de développement et de qualité Danone Vitapole
Palaiseau
达能集团研发与质量中心，帕莱索

Nous avons en revanche utilisé moins de calculs savants pour la façade du **centre de recherche, de développement et de qualité Danone Vitapole** à Palaiseau (France, 2002) [→ p. 106]. En l'espèce, ce sont les feuilles de pieds de vigne grimpant sur des câbles disposés à un mètre de la façade qui protègent l'été les espaces de travail des rayonnements superflus. L'hiver, les feuilles tombées, la lumière pénètre aisément et chauffe les espaces qui peuvent toutefois être protégés de la lumière par des stores en bois brut intérieurs. Les façades vitrées des bureaux changent avec les saisons. La façade vivante est naturellement intelligente.

La performance de l'enveloppe est sans aucun doute l'élément le plus influant sur l'efficacité énergétique globale d'un bâtiment. Plus elle est élevée, moins les équipements mécaniques et électriques seront sollicités, ce qui réduira d'autant la facture à payer.
Mais une façade a aussi un rôle social et urbain dans la mise en relation qu'elle génère entre un bâtiment et la ville. L'aspect environnemental du développement durable ne doit pas tout éclipser. Ainsi, l'**École supérieure d'Art** de Clermont-Ferrand [→ p. 112] s'ouvre-t-elle physiquement à l'ouest vers la cité en un vaste mouvement de décollement de la parure de cuivre emboutie qui la recouvre. La façade vitrée, protégée par la carapace du toit, se déploie transparente, laissant apparaître la galerie d'exposition depuis

École supérieure d'Art
Clermont-Ferrand
克莱蒙-费朗艺术学校

与此相反的是，我们在帕莱索市的达能集团研发与质量中心（法国，2002）的立面设计中并未进行复杂的计算[> p. 106]。其特色是在距外墙1m处设置了可供葡萄藤攀爬的绳索。进入夏季时，这些植物可为工作空间遮蔽多余的阳光，而在冬季叶落后则可为其创造轻松采光与加温的条件。此外，这些区域还可利用内部的原木遮帘阻挡光线。就这样，可随季节变化而变化、富有生机的办公区玻璃外墙自然成为了智慧的体现。

毋庸置疑，就能源的整体利用率而言，建筑物表层的性能可谓重中之重，其性能越高，我们对机械与电子设备的依赖便会越低，从而大大节约开支。
然而，在社会与城市的关系上，建筑立面同样扮演着桥梁的角色。可持续发展对环境的重视不应令其他事物相形见绌。因此，克莱蒙-费朗艺术学校[> p. 112]选择面朝西方与城市，而覆盖在上方的装饰铜屋顶仿佛挣脱了建筑的主体。得益于覆盖有壳状屋顶的透明玻璃外墙，学院内的展览厅从行车道上便可跃然入目。一条位处南北轴线上的内部"街道"将建筑物一分为二，这不仅增强了它与城市间的交互感，而且提供了具有穿透力的视觉效果与错落有致的空间。另外，这条原本在计划之外的"街道"还可以将充足的自然光引入室内，并不会导致眩光现象的发生。

École supérieure d'Art
Clermont-Ferrand
克莱蒙-费朗艺术学校

la chaussée. Elle active une sensation d'échange avec la ville renforcée sur l'axe nord-sud par une rue intérieure scindant l'édifice en deux et offrant une percée visuelle et un espace poreux. Cette rue amène par ailleurs largement la lumière naturelle dans les ateliers sans risquer les phénomènes d'éblouissement. De part et d'autre de la venelle, qui n'était pas exigée dans le programme, des façades transparentes permettent aux passants de voir les élèves en pleine création. Cet espace « en plus », qui accueille des ateliers publics, peut être investi lors de manifestations diverses. La perception urbaine est ainsi aux antipodes de celle que proposait l'ancien bâtiment académique opaque et fermé sur lui-même. Avec le temps, l'édifice empruntera des teintes différentes sous l'effet de l'oxydation. De l'orange étincelant de ses débuts, il deviendra brun et sombre, avant de verdir patiemment sous l'effet de la pollution atmosphérique.

由它两侧经过时，我们可以通过透明的外墙看到正在挥汗创作的学生们。该“附加”空间可用于举办公共研讨会等各类活动。因此，这座如今已颇具城市感的建筑与曾经的那座既昏暗又封闭的教学楼可谓大相径庭。随着时间的流逝，该建筑还会在氧化作用下呈现出不同的色调，可以由最初的鲜橙色渐变为暗沉的褐色，而最终则会在空气污染物的影响下逐渐泛起绿色。

Lycée du Futur
Jaunay-Clan
"未来"中学，
热奈-克朗

Espaces tampon

Donner plus d'espace et de volume aux utilisateurs fait partie de nos préoccupations depuis déjà de nombreuses années. Un bâtiment ne se résume pas à un programme, qui n'est que l'expression d'un rapport normé, rationnel et minimal entre l'homme et l'espace. C'est ce que nous avions essayé d'exprimer avec les surfaces d'activités partagées – représentant 60 m^2 d'espaces mutualisés – offertes pour des activités associatives ou collectives à un programme de quatre logements sociaux, à Poitiers. Pour le **Lycée du Futur** de Jaunay-Clan (France, 1987), nous voulions permettre une utilisation de la cour autre que récréative. L'agence a donc conçu une immense aile mobile qui peut recouvrir la cour intérieure et la transformer en espace clos couvert propice à une représentation théâtrale ou un événement particulier. La couverture vitrée de la petite couronne de la **Maison de la Radio** (Paris, livraison 2015) propose les mêmes aménités, mais permet de conserver l'apport de lumière naturelle, tout en offrant un espace tempéré. Quant à l'**université de la Citadelle** de Dunkerque (France, 1990), elle a été l'un de nos premiers bâtiments à offrir autant de volume supplémentaire. Pour ce projet, il s'agissait de conserver les anciens entrepôts à tabac, afin de garder la mémoire du lieu. Nous nous sommes donc appuyés sur leur structure pour en faire jaillir une toiture-voile de métal couvrant

Université de la Citadelle
Dunkerque
西塔代勒大学，敦刻尔克

缓冲空间

给予使用者更多的空间与建筑容积是我们多年以来始终忧虑的问题之一。一座建筑不能简单地归纳为某一程式，不能仅仅是表达出人与空间的正常关系、合理关系与基本关系。我们曾试图利用在（法国）普瓦捷市兴建四栋社会住房的机会对此加以阐释，即打造服务于联合或集体活动的共享区域——60平方米的互动空间。在热奈-克朗的“未来”中学（法国，1987）项目中，我们希望校园可以另作他用。事务所因而设计了可覆盖校内大厅的移动式侧翼，它可将大厅改造为易于戏剧演出或其他特殊活动的封闭空间。法国广播电台大楼（巴黎，2015年交付使用）的环状玻璃屋面虽然展示出了形同影合的功能，但它还可以收集自然光线，用以创造温度适宜的空间。至于敦刻尔克的西塔代勒大学（法国，1990），它是我们的首批扩容建筑之一。在该项目中，为了能够让这里的场景历久弥新，我们保留了旧时的烟草仓库。因此，我们根据其结构设计了遮蔽内部“街道”的帆状金属屋顶，而该“街道”则贯穿整座教学大楼，开辟了一处宽阔而温暖的漫步区。

Restructuration de la Maison de la Radio
Paris
法国广播电台旧址改建工程，巴黎

une sorte de rue intérieure traversant l'ensemble du complexe universitaire qui offre ainsi de vastes zones de déambulation tempérées.
Ces volumes « en plus », non exigés par nos clients, offrent des respirations dans les bâtiments et les programmes. Ils augmentent la qualité fonctionnelle du bâtiment, permettent des usages variés et génèrent différentes formes d'appropriation et de sociabilité. Mais ces volumes supplémentaires peuvent aussi avoir un rôle important en matière d'économie d'énergie. On les appelle alors espaces tampon.

Ces espaces tampon sont une spécificité d'Architecture-Studio, même si l'agence n'est pas la seule à les utiliser. En effet, selon ce que nous pourrions appeler la « théorie du volume décroissant », il nous est apparu que toute l'histoire de la construction et de l'architecture occidentale depuis deux cents ans pourrait se résumer à une réduction du nombre de mètre cube par habitant. Les lycées que nous construisions jusqu'à peu offraient beaucoup moins d'espace et de volume aux écoliers que ceux édifiés à la fin du XIXe siècle. C'est la même chose pour les habitations.
Pour lutter contre cette diminution dommageable au sentiment de bien-être que peut procurer un volume confortable, nous avons imaginé de marier les qualités de la double peau avec celle d'espaces supplémentaires.

Extension du campus d'HEC
Saclay
巴黎高等商学院校园扩建，萨克雷

虽然这些"附加"的容积并非来自客户的要求，但它可以为建筑物以及项目内容提供额外的过渡空间。它们能够提升建筑物的功能质量，丰富其用途，还可孕育出因需而异的形式，搭建社交往来的平台。此外，这些扩充的容积在节能方面同样扮演着重要的角色，人们称之为缓冲空间。

尽管法国AS建筑工作室并非唯一一家进行缓冲空间设计的事务所，但它却是我们的一项专长。的确，根据我们的"容积递减理论"，历经200年西方建造与建筑史或许可以被概括为人均空间占有率逐步下降的过程。我们最近兴建的多所高中与19世纪末的类似建筑相比，无论是空间还是容积均不可同日而语。适宜的建筑容积能够给与人们快慰之感，而上述的趋势则会对其造成了不利的影响。为了能够与之抗衡，我们曾构思如何将双层幕墙的各项优点与这些附加的空间两相结合。

Collège Guy-Dolmaire
Mirecourt
居伊-多勒麦尔中学,
密尔古

Concrètement, les espaces tampon, qui résultent d'une dilatation des différentes couches de la double peau, sont des sortes d'espaces intermédiaires qui ne répondent plus aux catégories classiques du dehors et du dedans. Plusieurs « climats » peuvent ainsi coexister au sein d'un même bâtiment : des espaces abrités de la pluie, du soleil, mais non chauffés (espaces tampon), dans lesquels ou à côté desquels prennent place d'autres espaces plus confortables, mieux isolés et chauffés.

Le **collège Guy-Dolmaire** de Mirecourt[1] (France, 2004) [→ p. 090] a été le premier de nos projets utilisant le principe de l'espace tampon. Caractéristique de l'architecture bioclimatique, l'espace clos couvert généré par l'enveloppe vitrée extérieure remplit divers d'objectifs : apport et protection solaires grâce à une casquette retournée en continuité avec le toit, ventilation/aération grâce aux ventelles installées sur la façade vitrée. Le volume d'air intérieur, c'est-à-dire celui circulant dans l'espace tampon, est tempéré naturellement. Le volume tampon, outre les qualités spatiales qu'il génère apporte une régulation thermique du bâtiment de manière passive et gratuite. Chauffé en hiver par le soleil, il en est abrité l'été grâce à l'effet parasol du toit et de la casquette et refroidit grâce à la ventilation assurée par les quelque 2 000 ventelles mobiles. Ce dispositif permet une diminution de l'ordre de 50 % de la consommation d'énergie pour le chauffage.De plus, la structure en bois (1 500 m^3 au total) permet de

1 Le collège Guy-Dolmaire de Mirecourt (Vosges) a reçu le prix Observ'ER « bâtiment tertiaire » 2006, le prix « Habitat solaire Habitat d'aujourd'hui » et les Lauriers de la Construction Bois 2006 « bâtiment collectif ».

具体而言，随双层幕墙各层扩展而来的缓冲空间如同某种媒介，它不再适合于非内即外的传统界定。多重“气候”可在同一建筑中并存：防雨空间、非加温采光空间（缓冲空间），而处在它们内部或邻近区域的则是更为舒适、隔离与加温效果更佳的其他空间。

位于密尔古的居伊-多勒麦尔中学[1]（法国，2004）[> p. 090] 是我们首次使用缓冲空间的项目。生物气候型建筑的特色是，由玻璃外层创造的封闭空间可达成多项目标：借助不断翻转的屋顶挡板进行采光与避光；利用安装在玻璃外墙上的天窗进行换气/通风。内部的空气容积，即缓冲空间内的循环空气可以自然生成适宜的温度。除去空间感不谈，缓冲区域还可被动且无偿地调节建筑物热度。冬季时依靠日光加温，夏季时则通过屋顶与挡板的阳伞效应进行自我保护，并依靠2000片活动式百叶窗的换气功能达到降温的效果。这样的配置可使供暖能源减耗50%左右。此外，木制结构（共计1500立方米）还可用于存储二氧化碳，并有益于温室气体的减排。

1 密尔古的居伊-多勒麦尔初级中学项目（孚日省）于2006年分别夺得了由可再生能源组织颁发的“服务类建筑奖”、“阳光住宅与今日住宅奖”以及木结构建筑大赛的“集体建筑奖”。

Théâtre Le Quai
Angers
昂热"河岸"大剧院

stocker du CO_2 et participe également aux objectifs de réduction des émissions de gaz à effet de serre.

Le **campus d'HEC** de Saclay (France, 2008) utilise ce système qui permet de limiter les besoins de chauffage dans les éléments intérieurs (bureaux, administration, amphithéâtres...) en récupérant la chaleur contenue dans l'espace tampon. L'orientation du bâtiment, conjuguée à ce système, permet de protéger les éléments internes des vents froids dominants (sud ouest), limitant également les besoins en chaleur.
Grâce à ces choix, nous obtenons une consommation énergétique théorique, tous postes confondus, inférieure à 70 kwh/m^2/an en énergie primaire. En termes de production de CO_2, ce bâtiment représente 3,8 kg CO_2/m^2/an, à comparer avec la moyenne actuelle des bâtiments existants sur le campus : 56 kg CO_2/m^2/an.

Le complexe culturel **Le Quai**, à Angers (France, 2007) [→ p. 136], reprend le principe du volume tampon pour le grand hall d'accueil qui fait face au Maine et, sur l'autre rive, au château du Roi René. Ce vaste espace vitré, sorte de forum clos couvert, profite des apports solaires et tempère le volume d'air qui mène aux deux salles de spectacle et aux autres équipements (salle de danse, bureaux, etc.). L'été, il peut s'ouvrir généreusement sur le fleuve

位处萨克雷(Saclay)的巴黎高等商学院校园扩建项目(法国,2008)采用了同一系统。它可以通过回收利用缓冲空间内保存的热量降低建筑内的供暖需求(办公室、行政处、阶梯教室……)。作为本系统的一部分,该建筑的朝向能够抵御盛行冷风(东南)的侵扰,从而减少人们对供暖设备的依赖。
归功于上述这些选择,我们得出的理论总耗能值可低于70千瓦时/(平方米)×年(一次能源)。该建筑所产生的二氧化碳量为3.8公斤/(平方米)×年,而校园内其他现存建筑的平均排放量为56公斤/(平方米)×年。

昂热"河岸"剧院文化建筑群(法国,2007)[> p. 136]的迎宾大厅再度选择了缓冲空间设计,该大厅与曼恩河面面相对,并与彼岸的勒内国王城堡遥相呼应。作为公共场所,这处宽阔的玻璃空间在享受日光的同时调节着进入两座剧场与其他院内设施(舞蹈厅、办公室等等)的空气温度。夏季来临时,它会向身前的河流敞开怀抱,而这要得益于东西向的天窗可以"捕捉"河床上的气流。面对河岸一侧的屋顶形成了不对称的帽形结构,从而保护该区域免受阳光的侵扰。
在一天中,较为明显的温度变化会直接影响这些空间,这是由于它们对外部天气异常敏感。封闭空间与隔离较好的空间同样存在类似变化,特别是在使用建筑物或进行活动时需频繁穿越

grâce aux ventelles est et ouest qui captent le mouvement d'air du lit du fleuve. Côté rivière, le toit forme une casquette asymétrique protégeant l'été l'espace des rayons du soleil.
Ces espaces sont sujets à des variations de température relativement importantes tout au long de la journée, puisqu'ils réagissent fortement au climat extérieur. Des variations existent également entre les espaces clos couvert et les espaces mieux isolés, notamment lorsque l'utilisation d'un édifice ou l'activité qui y est pratiquée nécessitent de franchir fréquemment ces deux types de volumes.
Ces écarts de température sont supérieurs à ceux que la culture moderne de la régulation thermique accepte naturellement. Toutefois, il est possible de les limiter en utilisant l'inertie thermique d'un matériau, c'est-à-dire sa capacité à conserver une même température dans le temps. Le béton, lorsqu'il est bien employé, présente cette qualité. C'est la raison pour laquelle l'agence l'a utilisé à Angers afin que le forum bénéficie de la fraîcheur nocturne d'été. Mais peut-être faut-il aussi que nous nous adaptions à ces changements si nous voulons relever le défi d'une architecture durable. Celui-ci ne pourra pas être tenu aisément si ne nous remettons pas en question certains de nos comportements.

La malléabilité fonctionnelle des espaces tampon est un atout majeur pour certains équipements. À Angers, le forum peut servir d'espace d'exposition, de salle de spectacle (un grill technique est installé au-dessus) ou plus classiquement de déambulatoire en attendant le début d'un spectacle ou lors de l'entracte. À Dunkerque, l'espace est utilisé pour la préparation des chars précédant la période du carnaval. À Mirecourt, le professeur d'arts plastiques investit régulièrement l'espace tampon pour y faire ses cours et y exposer le travail des élèves. Le volume tampon de la résidence universitaire Croisset est lui aussi investi par les occupants pour des expositions.

Ces espaces tampon modifient profondément le volume, l'esthétique et la performance des bâtiments. La résidence Croisset offre 6 000 m^3 supplémentaires à ses 350 résidants. Quant au collège de Mirecourt, ce sont plus de 25 000 m^3 qui sont proposés pour ses 800 élèves avec une consommation énergétique divisée par deux par rapport à un collège lambda.
Mais pour que ce type d'espace trouve pleinement sa place dans l'architecture contemporaine, certaines règles, notamment en France, doivent évoluer. Actuellement, c'est la surface hors œuvre nette (SHON) qui sert de référence pour le droit à construire et pour le calcul des impôts fonciers. C'est pourquoi, dans le cadre du Grenelle de l'Environnement, Architecture-Studio a défendu auprès du gouvernement l'idée de « deshoner » les espaces tampon qui ne nécessitent pas d'énergie fossile pour être chauffés. Des modifications, qu'il serait trop fastidieux d'évoquer ici, sont aussi nécessaires en matière de réglementation incendie.

这两类空间的情况下。
这些温度上的差异超出了现代热量调节标准能够普遍接受的范围。然而,我们可以利用某种材料的热惰性对其加以限制,也就是该材料在某段时间内保持同一温度的能力。在用得其所的前提下,混凝土便可以体现出这一优势。这就是事务所在昂热项目中使用此种建材的原因所在,它可以让人们在这处公共场所享受夏夜的凉爽。尽管如此,倘若我们希望迎接可持续建筑带来的挑战,那么我们或许应该去适应这些变化,倘若我们对自己的某些行为视而不见,那么就无法从容面对因此而来的挑战。

对于某些建筑设施而言,缓冲空间的功能延展性可谓一大优势。位于昂热的这处公共场所可以变身为展览厅、剧场(上悬技术棚架)或者仅仅是节目开演前的等候区或幕间休息时的漫步区。在敦刻尔克,那里的空间被用于准备狂欢节的游行彩车。在密尔古,造型艺术老师会定期将缓冲空间当作授课地点以及学生作品的展示区域,而巴黎大学生公寓的缓冲空间则同样被这里的居民用作各类展览。

这些缓冲空间可显著改变建筑物的容积、美观程度及其性能。巴黎大学生公寓为350名住户提供了6000立方米的额外空间。至于密尔古中学,它为800名学生创造了逾25000立方米的附加区域,但在耗能方面却仅为其他中学的一半。

为了能够让此类空间在当代建筑中占有一席之地,相应的法规必须得到逐步完善,尤其是在法国。目前,净建筑面积(SHON)可用作建造权限与房产税计算的参考。这就是为什么在格勒奈尔环境会议的框架下,法国AS建筑工作室强烈建议政府将无需化石能源采暖的缓冲空间归为“非净建筑面积”。在这里,有关消防的条例毋庸赘述,它们同样有修改的必要。

Siège social de Wison
Shanghai
上海惠生化工集团总部

Toiture dynamique

Outre la notion de mouvement qu'impulse le toit de certains de nos projets (**collège Guy-Dolmaire** [→ p. 090] ; **centre hospitalier psychiatrique d'Arras**, France, 2004 ; **université de la Citadelle** ; **Centre commun de recherche de la Commission européenne**, à Ispra, Italie, livraison 2012 ; **extension du Parc des expositions**, Paris-nord Villepinte, France, 1999), c'est surtout leur rôle de filtre à lumière qui est important ici.

Le **siège social de Wison** [→ p. 132], installé dans le secteur des biotechniques du quartier scientifique de Shanghai ZhangJiang, bénéficie d'un toit perforé qui laisse passer ce qu'il faut de luminosité pour éviter une utilisation trop intensive de l'éclairage artificiel. Comme souvent dans nos projets, le toit se prolonge en façades elles aussi dynamiques qui bénéficient, selon leur exposition, de brise-soleil. À l'intérieur de l'édifice, la galerie centrale bioclimatique, lovée entre les bureaux et les laboratoires, est aérée naturellement par des ventelles et protégée par un rideau végétal.

Le même principe de toiture qui se retourne pour venir abriter les façades a été utilisé pour les deux immeubles Park Avenue que nous avons conçus à Montpellier. Formée de latte de métal, cette toiture évoque l'aspect d'une pergola et protège le toit des édifices des rayons du soleil tout en unifiant esthétiquement l'ensemble de l'opération dans laquelle prend place notre projet.

Théâtre national de Bahreïn
Al-Manama
巴林国家大剧院，阿尔-麦纳麦

动态屋面

除了我们在若干项目中所推行的动态概念以外（居伊-多勒麦尔中学 *[> p. 90]*；阿哈斯精神病医疗中心，法国，*2004*；西塔代勒大学；伊斯普拉*Ispra*联合研究中心，意大利，*2012*年交付使用；维勒班特展览中心，法国，*1999*），它们的滤光作用也是尤为重要。

位于上海张江科学园区生物技术区的惠生化工集团总部*[> p. 132]*通过采光充分的开孔式屋顶避免了建筑物对人造照明设备的过度使用。在我们的项目中，将屋顶与同属动态的外墙融会贯通的设计可谓屡见不鲜，而这些外墙还可根据暴露情况适时配备遮阳板。走入该建筑内部，环绕着办公区与实验室的中心长廊拥有生物气候的特性，它可利用百叶窗进行自然换气，并有植物帷幔对其加以保护。

借助翻转式屋面遮蔽外墙的设计理念同样体现在了蒙彼利埃公园大道的两座楼宇之中。该屋面由金属板条构成，形似藤架，它不仅可以保护建筑顶部免受阳光直射，还可以让建筑的各个部分和谐而美观，这一点在本项目中可谓画龙点睛。

Centre culturel
Mascate
马斯喀特文化中心

L'**École des beaux-arts et d'architecture de La Réunion** (France, 2002) [→ p. 108] est elle aussi dotée d'une toiture dynamique. Le vocabulaire de la toiture-façade a ici été adapté aux contraintes climatiques spécifiques de la Réunion : fort ensoleillement, pluies importantes, cyclones. La forme aérodynamique de la toiture d'aluminium est perforée pour permettre la régulation des ambiances de lumière et de température mais aussi favoriser l'écoulement fluide des vents. Pour limiter les effets d'aspiration en cas de cyclone, une vêture extérieure vient recouvrir le bâti au-dessus de l'étanchéité. Cette « couverture » forme un espace qui permettra à l'air de circuler afin d'éviter l'effet de ventouse ou de voile en cas de vents violents. La conception de cette toiture sophistiquée permet de limiter les dégâts dus au climat. L'architecture durable, c'est aussi l'architecture qui dure... Exposés à des températures et une luminosité élevées, le **Théâtre national de Bahreïn** (Al-Manama, livraison 2010) et l'**hôpital Sheikh Khalifa** (Casablanca, livraison 2012) se protègent à l'aide d'une surtoiture en résille, sorte de cinquième façade légère et généreuse qui dépasse largement le bâti pour créer de l'ombre. Le **centre culturel**, Mascate (Sultanat d'Oman, livraison 2013) réinterprète les toitures perforées traditionnelles dans un vocabulaire minéral, selon une trame qui se déforme en fonction des programmes.

Hôpital Sheikh Khalifa
Casablanca
谢赫-哈利法医院,
卡萨布兰卡

留尼旺美术建筑学院(法国, 2002)同样具有动态的屋面。在这里, 屋面与立面的结合需克服特殊气候所造成的局限: 日照强烈, 雨水丰沛, 飓风频仍。铝制开孔屋面的气动外形不仅可以调节光线与温度, 还益于风的平稳流动。为了缓解飓风来袭时的空吸效应, 外部包层可重新覆盖建筑主体并起到防水作用。该"覆盖层"所构成的空间利于气体循环, 从而避免强风状况下的空吸或风帆效应。该屋面的先进设计可以限制气候所造成的损失。可持续建筑同样是经久耐用的建筑……
曝露在高温、强光下的巴林国家大剧院(阿尔-麦纳麦, 2010年交付使用)与谢赫-哈利法医院(卡萨布兰卡, 2012年交付使用)凭借着网格状悬空屋面——第五面宽大的轻型外墙进行自我保护, 由于它大大超出了建筑主体, 从而创造出了阴影效果。马斯喀特文化中心(阿曼, 2013年交付使用) 根据方案所需的变形格栅设计重新诠释了该地区的传统式开孔屋面。

Le confort
avant tout

La définition de normes ou de critères pouvant certifier la nature durable ou non d'un bâtiment est importante tant pour les gouvernements qui, comme en France, favorisent, via des réductions d'impôts, les travaux permettant d'améliorer la performance énergétique des bâtiments, tant pour nos clients, qui exigent d'être assurés de la qualité de nos prestations, que pour l'agence qui travaille à la recherche d'une architecture plus respectueuse de l'environnement. Les normes réglementaires françaises nous y invitent depuis la mise en place de la Réglementation thermique qui définit notamment des *maxima* de consommation pour le chauffage.
Toutefois, ce qui fait l'originalité de la démarche française en matière de développement durable est qu'elle n'est pas uniquement centrée sur les performances des bâtiments et leur consommation énergétique mais revendique une approche globale mêlant impact du bâtiment sur son environnement pris au sens large et confort d'usage.
Cette démarche nous paraît plus adaptée au défi d'un développement durable que les démarches évaluatives prônées par les pays anglo-saxons. D'une part, il tient compte de données sociales (santé, confort, incidences du chantier en termes de bruit) et pas seulement des performances énergétiques comme dans les pays germaniques. Avec la démarche HQE, des produits étiquetés comme peu écologiques pourront très bien être utilisés s'ils ont une fonction sociale établie et s'ils participent à la logique d'ensemble du projet. Une telle option est pour le moment assez rare des approches anglo-saxonnes. D'autre part, même s'il est plus difficile à manier pour les architectes qui doivent eux-mêmes définir avec le maître d'ouvrage les cibles qu'ils choisissent et pourquoi, ce principe devrait permettre à terme une approche globale, ce qui est fondamentalement la logique du développement durable.

L'homme est au centre de la réflexion architecturale d'Architecture-Studio. Nous sommes opposés à toute démarche de conception qui ignorerait le contexte social dans lequel elle intervient. Un bâtiment, répétons le, n'a pas vocation à améliorer la qualité de l'environnement naturel mais le cadre de vie humain. Mettre en œuvre le développement durable signifie d'abord, pour les architectes que nous sommes, créer un maximum de bien-être pour les utilisateurs présents et limiter les impacts négatifs pour l'environnement, tout en prenant soin de minimiser les répercussions néfastes sur le bien-être des utilisateurs futurs. Le cœur de notre métier est d'intégrer dans la conception des considérations d'ordre sociétal.

舒适为重

制定出能够证明某一建筑物是否具备可持续性的判别标准对于行政机构而言至关重要。例如在法国，各级政府通过减税措施鼓励那些可以改善建筑能效的工程。与此同时，客户也会以上述标准去审视我们的工作质量，最后当然还有我们自己。法国热工设计规范的颁布尤其明确了采暖的最大消耗水平。自此，相关的监管标准促使我们努力打造更加尊重环境的建筑。

然而，可持续发展在法国的新颖之处不单单集中在建筑物的性能以及能源消耗之上，它还要求我们进行全盘的考量，并将建筑对广义环境的影响以及使用上的舒适一并纳入。

与英美国家极力宣传的种种评估手段相比，这样的方法在我们看来更能适应可持续发展带来的挑战。一方面，它需要斟酌不同的社会指标（健康度、舒适感、施工噪声的影响），而不像德语国家一样仅重视能源的绩效。倘若某些典型的非生态产品具备一定的社会功能且契合项目整体脉络的话，我们就可以通过高环境质量的方法对其加以利用。此类做法在英美国家仍属难得一见。另一方面，对于那些需要与委托方共同商议、最终了解并确立所选目标的建筑师而言，虽然情况愈发难以掌控，但是该原则可在一定时间内孕育出全局性方案，这便是可持续发展的基本逻辑。

以人为本是法国AS建筑工作室的中心思想。我们反对一切漠视相关社会背景的设计方法。请牢记，一幢建筑物的使命并非是改善自然环境的质量，而是为人类提供适宜的生存空间。之于我们这些建筑师而言，可持续发展的实施首先是要尽量创造舒适感，并减少（建筑物）与自然环境间的冲突。与此同时，我们还需用心思忖如何最大限度地保障建筑用户的安全与健康。我们的工作核心便是要将社会因素融入设计过程之中。

Pôle de psychiatrie universitaire Solaris
Marseille
圣玛格利特医院，
马赛

Le **pôle de psychiatrie universitaire Solaris** de Marseille (2007), destiné à des patients souffrant de troubles anxieux, de dépression ou de psychose, répond à cette démarche. Fort heureusement, et à la différence de ce qui se passe souvent dans les concours, les objectifs en termes éthiques et de confort des usagers avaient été clairement exprimés dans le programme par le professeur Naudin, chef de service à l'hôpital. On ne nous demandait pas seulement tant de mètres carrés mais une attention particulière aux espaces et aux matières afin d'aider les patients à se reconstruire plus facilement. L'agence a développé une démarche phénoménologique afin de créer des espaces permettant aux patients de se recomposer un « être au monde » plus facilement.
Les personnes hospitalisées ici ont souvent une conscience accrue des espaces. Nous avons donc accordé une grande importance à ceux-ci afin de susciter l'envie de sortir de la chambre et de rompre avec la logique de l'enfermement. Une grande présence de couleurs ainsi que des couloirs baignés de puits de lumière invitent à déambuler dans l'édifice. Ceci est facilité par l'absence de portes coupe-feu que nous avons réussi à supprimer après, il est vrai, quelques discussions animées avec les services de sécurité.
En relation avec le bâtiment, plusieurs jardins protégés ou ouverts expriment la présence rassurante des éléments naturels. Et pour ceux qui par choix ou obligation sont amenés à rester dans leur chambre, nous avons placé au plafond, au-dessus du lit, un rectangle de béton brut verni en lieu

旨在为焦虑症、抑郁症以及精神病患者提供服务的马赛圣玛格利特医院（2007）便采用了上述方法。极为幸运的是，医院服务部主任诺丹教授早已清晰地陈述了本项目在伦理道德与舒适程度方面所要达到的目标，而这与竞标活动中司空见惯的场景截然不同。该项目不仅明确规定了建筑面积，还要求我们必须特别重视空间的构思与建材的使用，以便协助病人迅速恢复。事务所因此拓展了唯象理论所采用的方法，创造出了可使病人重拾“存在感”的建筑空间。
这里的患者时常会遇到空间感自我膨胀的问题。所以，我们高度重视相关的设计工作，从而鼓励他们走出自己的房间，打破封闭的状态。随处可见的色彩以及采光井沐浴下的走廊可以激起他们在此漫步的欲望。由于该建筑未设防火门，所以便于活动，而这则是我们与医院安全部门几番激烈讨论的结果。与建筑物连成一体的几座开放式花园可使病人免受外界的干扰，它们展示着令人心旷神怡的自然元素。为了那些选择独处或被强行安置在房间内的患者，我们在病床正上方的天花板处放置了粗质混凝土漆面矩形板，用以代替沿用至今的白色天花板。究其原因，混凝土的不同色调及其凹凸有致、形状各异的特征可以让人百看不厌，而这则与光滑表面迥异。我们将这种漆面混凝土称为一套复杂的系统，它好似树木或

Centre de recherche, de développement et de qualité Danone Vitapole
Palaiseau
达能集团研发与质量中心，帕莱索

et place du sempiternel plafond blanc. Pourquoi ? Parce que les différences de teintes du béton, les multiples aspérités et formes que dessine ce matériau peuvent être regardées pendant des heures à la différence d'une surface lisse. Ce béton verni est ce que l'on appelle un système complexe, comme le sont les arbres ou l'eau qui s'écoule. Il permet à celui qui le regarde de rêver, de s'évader et procure un sentiment de calme et de sérénité. Notre démarche d'ensemble paraît fonctionner. Un patient, pourtant enfermé dans le secteur des soins intensifs, a ainsi pu déclarer au professeur Naudin : « Ici, on se sent libre ».

La prise en compte de la qualité de vie des utilisateurs du bâtiment a été également au centre du projet **centre de recherche, de développement et de qualité Danone Vitapole** à Palaiseau (France, 2002) [→ p. 106].
Cela a été rendu possible grâce à une vraie collaboration et à une confiance réciproque avec le maître d'ouvrage. Ce centre, qui regroupe différents métiers du groupe Danone (recherche, développement et qualité), a été conçu comme un lieu permettant l'échange entre les personnes tout en ménageant à chacun des métiers des espaces spécifiques.
Cet échange est d'abord visuel grâce à des mises en relation constantes entre l'intérieur et l'extérieur. La disposition des plateaux de bureaux en dents de peigne permet à tous ces espaces ouverts de bénéficier de vues sur le paysage.

或流水，让人在幻想与超脱的同时感受平静与安宁。我们的整体方案看上去行有效。曾有一名特护病人向诺丹教授表示：“在这里，我们感到无拘无束。”

对建筑用户的生活质量予以考虑在帕莱索的达能集团研发与质量中心（法国，*2002*）*[> p. 106]*中同样占据着核心地位，这要归功于我们与委托方的精诚合作。这座集中了达能集团各个部门（研发与质量控制）的中心仿佛一处人际交流的场所，而各部门均拥有自己的专属空间。
得益于建筑内外的牢固联系，这样的交流首先得到了直观的体现。梳齿形办公区布局可使所有的开放空间均能欣赏到外部的景致。

Centre de recherche, de développement et de qualité Danone Vitapole
Palaiseau
达能集团研发与质量中心，帕莱索

L'échange visuel se poursuit à l'intérieur du bâtiment entre les plateaux de bureaux, dont le mobilier permet lorsque l'on est debout de voir l'ensemble de l'espace. Les vues sont aussi possibles entre l'étage des bureaux et le rez-de-chaussée.

Les huit plateaux de bureaux sont chacun dotés sur l'un de leur côté d'une tranche ondulée rendant l'espace de travail moins impersonnel et plus spécifique. Ce choix agit aussi sur les problèmes phoniques de réverbération, même si nous avons dû par ailleurs poser des panneaux acoustiques en renfort. Là encore il vaut mieux que l'architecture tente de régler elle-même les problèmes plutôt qu'elle ne compte sur des béquilles technologiques pour le faire.

Chaque plateau garde une dimension humaine. Un maximum de soixante bureaux peut y être installé, soit le nombre moyen de noms mémorisables dans un contexte professionnel. À l'origine, nous avions imaginé de rendre ces espaces appropriables en laissant la possibilité à chaque collaborateur de Danone de choisir la couleur d'éléments de mobilier. L'intervention, après coup, d'un architecte d'intérieur a minimisé ce type d'appropriation.

L'aménagement des bureaux ménage quoi qu'il en soit une progression maîtrisée entre l'espace individuel et l'espace social, à l'instar de la séparation de l'espace public et privé qui garantit l'harmonie de toute cohabitation réussie en société. La recherche de lieux de convivialité est

Centre commun de recherche de la Commission européenne
Ispra
Ispra 联合研究中心，
意大利

这样的视觉交换还可以在建筑内部的办公区之间实现。当人们起身时，这里的环境布置可使整体空间一览无遗。此外，在办公层与建筑首层之间同样可以进行视觉上的交换。

共分八层的办公区均置有波浪状围栅，从而使工作环境更显亲切与特别。这样的选择还可以处理声音的混响问题，尽管我们已为此添设了吸音板以作补强。我们再次重申，建筑应尝试自行解决问题，而不要过多指望技术这根“拐杖”。

位处各层的办公区均遵循以人为本的理念，至多容纳六十套办公设备，而这一数字则是同事之间能够彼此熟悉的最佳状态。起初，我们曾设想打造个性化的空间，让达能的每位员工自己挑选办公家具的颜色。然而，随着室内建筑师的参与，我们打消了这一想法。各层办公区在布局时均考虑了个人空间与社交空间在可控范围内的迁延，这就好比将公共空间与私人空间区隔开来能够保证人们在社会中的和谐共存一样。力求创造宜于社交的场所可谓该中心的一项要素。因此，若干休闲空间应运而生。各层的办公区内均开辟有临近工作地点的休息区，人们可以在此品上一杯咖啡，暂时脱离紧张的工作环境，而较远处的咖啡厅则营造出了别样的氛围。木制结构的壳形建筑是那些忙于会议或选择放松的人们独处的场所，这里的厨房与家具往往令人联想到一间客厅，而非办公地点。

Siège social du groupe Casino
Saint-Étienne
卡西诺集团总部,
圣-艾蒂安

un élément structurant de Vitapole. Plusieurs zones de détente sont proposées. Au niveau de chaque plateau, un espace permet de prendre un café et de se couper quelques instants de l'ambiance du bureau tout en en étant proche. Plus loin, une cafétéria propose une coupure plus franche. Pour ceux qui désirent s'isoler davantage, soit pour une réunion, soit pour se détendre, une coque en bois sans ouverture et équipée d'une cuisine est proposée avec un mobilier tenant plus du salon que du bureau. Nous avons volontairement situé le restaurant d'entreprise à l'extérieur du bâtiment afin de marquer la césure physique et temporelle du repas.
On le voit, la qualité d'usage donnée aux espaces est peu compatible avec la notion de normes. Ce qui nous importait ici, c'était les conditions de travail que nous voulions les plus confortables possible. Quant à l'aspect environnemental du projet, il n'est pas oublié. Le projet a d'ailleurs reçu le Prix environnement des entreprises de l'Essonne 2007.

Le **siège social du groupe Casino**, à Saint-Étienne (France, 2007), considéré comme le plus grand bâtiment construit dans une région française depuis cinq ans, a fait l'objet d'une véritable implication de la maîtrise d'ouvrage dans une démarche HQE même s'il reste en deçà des ambitions premières. Son rafraîchissement par poutres froides repose sur un processus de convection naturelle de l'air (aucune ventilation mécanique) et génère donc de moindres dépenses énergétiques. Ce système a aussi pour effet

将企业餐厅建在户外则是我们有意为之，以便让用餐的人们暂时忘却工作的压力，得到身心的松弛。
我们看到，对上述空间的利用难以与标准概念兼容并包。但重要的是，我们希望尽可能创造惬意的工作条件，并不忘在环境方面做出努力。另外，该项目还于2007年获得“埃松环保企业奖”。

位于圣-艾蒂安的卡西诺集团总部（法国，2007）被视作全法五年以来规模居首的建筑。虽然未能完成全部既定目标，但该工程却展示出了以高环境质量为标准进行项目管理的真正内涵。建立在空气自然对流（无机动通风）这一基础之上的冷梁冷却系统在能源减耗方面达到了极致。该系统不会产生任何气流与噪声，无须使用易于细菌滋生的过滤设备。

Siège social du groupe Casino
Saint-Étienne
卡西诺集团总部，
圣-艾蒂安

de ne causer aucun courant d'air, ne faire aucun bruit, ni ne nécessiter aucun filtre susceptible de favoriser le développement de bactéries pathogènes.
Les terrasses du bâtiment sont végétalisées à plus de 40 %. Elles ont donc un impact visuel réduit pour les citadins (l'édifice est particulièrement bien visible depuis les hauteurs de la ville) et assurent une bien meilleure isolation thermique. Si bien qu'avec le soin apporté à l'isolation thermique des façades, ce bâtiment réussit à être autonome jusqu'à environ 10°C extérieur. Parallèlement, de nombreuses dispositions ont été prises afin de favoriser les économies d'énergie et de lutter contre les gaspillages. À titre d'exemple, chaque poste de travail est baigné de lumière naturelle et n'a pas besoin la journée d'un éclairage artificiel. Les retours des utilisateurs sont excellents[2].

Enfin, nous ne saurions clore notre propos consacré au « confort avant tout » sans évoquer le **centre pénitentiaire** de Saint-Denis (La Réunion, 2008) [→ p. 144]. *A priori*, la notion de confort ne fait pas partie de celles que l'on évoque spontanément dans le cas d'une prison qui se doit d'être avant tout un bâtiment fonctionnel et sécurisé. Pourtant, c'est bien parce que Architecture-Studio place le respect de la dignité des personnes incarcérées au cœur de notre approche que cela a un sens.

2 Ce projet a d'ailleurs remporté le grand Prix du SIMI 2007 (catégorie immeuble neuf), une récompense qui distingue chaque année les immeubles de bureaux et de logistique pour leurs qualités énergétiques, leur confort, leur technique et leur esthétisme..

Siège social d'Axa Private Equity
Paris
*AXA*公司总部，
巴黎

归功于超过*40%*的植被覆盖率，该建筑的露台不会对周边居民造成强烈的视觉冲击（由城市的高点望去，该建筑清晰可见），且拥有出众的隔热效果。由于对外墙隔热功能的重视，该建筑可进行自主采暖，直至户外气温下降到*10*摄氏度左右。与此同时，我们还采取众多节能措施，避免浪费，如各工作地点均可享受自然光的洗礼，无须在白天使用任何人工照明设备，因而深受建筑用户的好评[2]。

2 此外，本项目还于*2007*年获得了一年一度的*SIMI*大奖（新建筑类）。设立该奖项的目的在于鼓励那些在能源绩效、舒适感、技术性与美观度方面表现突出的办公型与经济型新生建筑。

最后，我们在"舒适为重"这一话题上的探讨将以圣-丹尼拘留所（留尼旺，*2008*）[> p. 144]作为结束。依上所释，人们会本能地认为监狱仅仅是一类着重功能与安全性的建筑，而舒适感并不在考虑范围之内。然而，正是由于法国*AS*建筑工作室尊重那些失去自由的人们，并将他们视作设计之本，因此这一切变得颇具意义。

Centre pénitentiaire
Saint-Denis-de-la-Réunion
圣-丹尼拘留所,
留尼旺

Cet établissement est destiné à remplacer la vieille prison Juliette Dodu, établie en 1825 au centre de la ville de Saint-Denis, aujourd'hui vétuste et surpeuplée. Cette opération s'inscrit dans un vaste programme de modernisation du parc immobilier national.
Installé sur un site magnifique, à l'est de Saint-Denis, entre mer et montagne, le centre pénitentiaire joue avec la déclivité du terrain pour offrir des cadrages multiples sur le paysage. Son implantation nord-ouest/sud-est lui permet de récupérer l'effet rafraîchissant des alizés grâce à de larges ouvertures installées de part et d'autre des circulations. Ces circulations peuvent être closes pendant les cyclones ou en cas de pluies rasantes. De larges auvents de toitures protègent le bâti du fort ensoleillement. Pour les parties les plus exposées au rayonnement solaire, une double peau assure la ventilation des façades tandis que des cadres « pare-soleil » limitent les apports directs dans les locaux.

Au-delà des éléments architecturaux prenant en compte les conditions climatiques particulières du lieu, c'est sur la qualité des espaces intérieurs que nous avons porté une grande partie de notre attention. La couleur et la lumière nous ont paru déterminantes dans le contexte culturel de l'île pour animer certaines zones et dédramatiser les espaces en détention. Ainsi, des puits de lumières colorés sont essaimés dans des endroits stratégiques comme la nef d'entrée ou les parloirs des familles dont les accès

该建筑的目的在于取代陈旧不堪的朱莉埃特-多迪监狱。这一始建于*1825*年、位于留尼旺圣-丹尼市中心的监狱如今已是百目疮痍，人满为患。本工程隶属于国家级公共建筑现代化大改造项目。

除去与该地区所特有的气候条件息息相关的建筑元素以外，我们对其内部空间的设计质量也是高度重视。我们感到，色彩与阳光正是海岛文化的生命要素，它们可以使某些地区焕发生机，同时减小身处"缧绁之地"所带来的影响。因此，我们将五颜六色的采光井散置在了拘留所正厅或探视室等至关重要的地点，人们可以通过无栅栏的狭窄门洞出入往来，而探视等候区则拥有面向室外花园的宽阔开口，以便让探视者，尤其是家属能够在相对轻松的氛围中与服刑人员见面。彩色的隔音板为活动室与培训室提供了听觉上的舒适感。无论是这里的一道道门，还是走廊上的树脂地板以及与建筑融为一体的各类陈设均显得五光十色，并与多样的照明方式彼此结合，使得这些空间与此类项目中千篇一律的风格截然不同。在室外，某些建筑物的墙壁呈现出鲜艳的色彩，而这些色彩还会随一天中光线的明暗而产生变化。夜间照明丝毫不会损害环境，也不会影响在押人员的休息。此外，我们还用心思忖了囚室以

Centre pénitentiaire
Saint-Denis-de-la-Réunion
圣-丹尼拘留所，
留尼旺

sont également rythmés par des ouvertures étroites sans barreaux. Les attentes des parloirs bénéficient de larges ouvertures sur des jardins extérieurs plantés, une façon de préparer la rencontre, souvent en famille, dans une atmosphère plus détendue. Le confort acoustique des salles d'activités ou de formation est traité par des baffles acoustiques de couleurs. Les résines des couloirs, le mobilier intégré au bâti ainsi que les portes sont également colorisés, le tout étant combiné avec des types d'éclairage variés afin de différencier les espaces et rompre la monotonie inhérente à ce type de programme. Dehors, les murs de certains des édifices sont peints avec des couleurs vives dont la teinte évolue en fonction de la luminosité au fur et à mesure de la journée. Les éclairages nocturnes sont conçus pour n'apporter aucune nuisance à l'environnement et aux détenus. L'ergonomie des cellules et des postes protégés occupés 24 heures sur 24 par les surveillants a été particulièrement soignée.
Nous nous enorgueillissons d'apporter la même attention au confort quels que soient les programmes, qu'il s'agisse d'une prison ou d'une tour résidentielle luxueuse à Dubaï. À chaque fois, la qualité des espaces habités, les vues qu'ils ménagent, la sensation d'espace qu'ils génèrent, les couleurs dont ils sont les supports est notre prime norme.

Tour résidentielle M1-62
Dubaï
迪拜*M1-62*公寓大楼

及需24小时看守的工作地点是否体现出了人体工程学的理念。令我们深感自豪的是，无论是监狱，还是迪拜的奢华公寓大楼，尽管建筑类型天差地别，但我们对建筑舒适度的关注却始终如一。在各个项目中，居住空间的质量及其视野、空间感与色彩是我们考虑的首要问题。

Besoin de recherche

Nous n'avons évoqué ici qu'une partie des sujets relevant du développement durable. Les questions relatives aux matériaux – à peine évoquées –, du confort olfactif – qui en dépend pour partie –, de l'acoustique – que nous avons seulement effleurées –, mais aussi celle de la santé des utilisateurs de nos bâtiments mériteraient que l'on s'y attarde plus longuement. Toutefois, nous n'avons pas l'ambition d'épuiser le sujet de l'architecture durable ni de faire un manuel technique mais d'ouvrir des pistes.

Une recherche, réalisée dans le cadre d'un programme lancé par le PUCA (Plan urbanisme construction architecture), en partenariat avec Quille, Alto Ingénierie et Éco-Cité, nous a récemment permis de conceptualiser ce que pourrait être demain un bâtiment durable. Le projet **TIKOPIA** (2008) propose une typologie d'habitat, de bureau et de commerces urbains très économes en énergie et n'émettant que peu de gaz à effet de serre.
Cette recherche s'inscrit dans une logique de densification raisonnée de l'habitat urbain dans le cadre de villes dotées de modes de transport renforcés et diversifiés. Pour concevoir ce projet, nous avons d'abord essayé d'intégrer tous les paramètres possibles pour construire un édifice le moins énergétivore et le plus mutable possible. Pour ce faire, nous avons raisonné en terme d'énergie grise, c'est-à-dire en tenant compte de la somme de l'énergie nécessaire entre la construction et la déconstruction du bâtiment. Le concept TIKOPIA peut aisément s'intégrer à différents contextes urbains. Il est adapté à la mixité fonctionnelle et peut recevoir des bureaux et/ou commerces dans les niveaux bas et de l'habitat dans les étages supérieurs.

Concrètement, le bâtiment-concept est composé de trois éléments qui pourront être adaptés à la spécificité du contexte : une façade climatique, un manteau évolutif et un arbre de ventilation. L'immeuble s'organise autour de l'arbre à vent, placé au cœur du bâti, qui assure une ventilation naturelle des locaux et peut ainsi rafraîchir aisément les pièces des logements sans avoir recours à la climatisation ou la ventilation mécanique. Côté sud, la façade climatique verticale capte et restitue naturellement l'énergie selon les besoins des saisons et des journées. Au nord, l'édifice fait le dos rond pour éviter un trop grand apport de froid par le vent et s'en protège grâce à un manteau. Cette enveloppe servira également à récupérer les eaux pluviales afin d'alimenter les sanitaires ou l'arrosage. La forme du bâtiment, générée par la recherche d'une stratégie énergétique passive à haute performance, permet également de diminuer l'ombre portée sur les autres édifices de la ville tout en favorisant la densité.

探索无止境

到这里，我们仅仅探讨了可持续发展的部分主题，而当中几乎没有谈及的建材问题、举足轻重的嗅觉舒适性问题，一笔带过的声学问题以及建筑用户的健康问题均需要接受长期的检验。然而，我们并非苛求自己能在可持续建筑的领域内做到面面俱佳，也无意去书写一部权威的技术手册，而只是为人们打开思路。

在"城市规划、建造与建筑"计划（*PUCA*）推出的项目框架下，我们与*Quille*、*Alto Ingénierie*以及*Éco-Cité*三家企业共同完成了一项研究工作，并在近期开始设想未来的可持续建筑。
"提柯皮亚"项目（*TIKOPIA, 2008*）旨在打造节能显著、温室气体排放量极低的居住型、办公型与城市商用型建筑。我们以通勤方式多样而稳固的城市作为此项研究的对象，从中探索城市住宅的合理密度。为了完成该项目的概念设计工作，我们首先尝试将可用于建造耗能较小、转化性较强的建筑所需的全部参数进行归纳。为此，我们在灰色能源这一问题上进行了思考，也就是对建筑物自竣工至拆除的这段时间内所需的能源总量予以考虑。"提柯皮亚"的设计理念是，无论城市环境如何，建筑物均可轻易地与之融合。基于此，我们选择了功能组合的方式，即建筑的低层满足办公与/或商业用途，而高层则用于居住。

具体而言，概念性建筑共由三大元素构成，借以适应环境的特异性：气候功能外墙、可变式表层以及树状结构的换气系统。建筑物围绕处于中心位置的换气系统进行布局，并利用低层的自然通风迅速为高层的住宅降温，而无须使用空调设备或机动通风装置。建筑南侧垂直的气候功能外墙可根据季节变化与一天当中各个时段的需要进行能源输入与输出。该建筑物坐北朝南，从而解决了"随风而来"的过冷问题，并依托表层进行自我保护。该表层拥有雨水回收功能，可为植物喷淋系统与卫生设备提供用水。该建筑的外型诞生自高效的能源战略，它可以在保证使用密度的同时减少对其他城市建筑的遮挡。

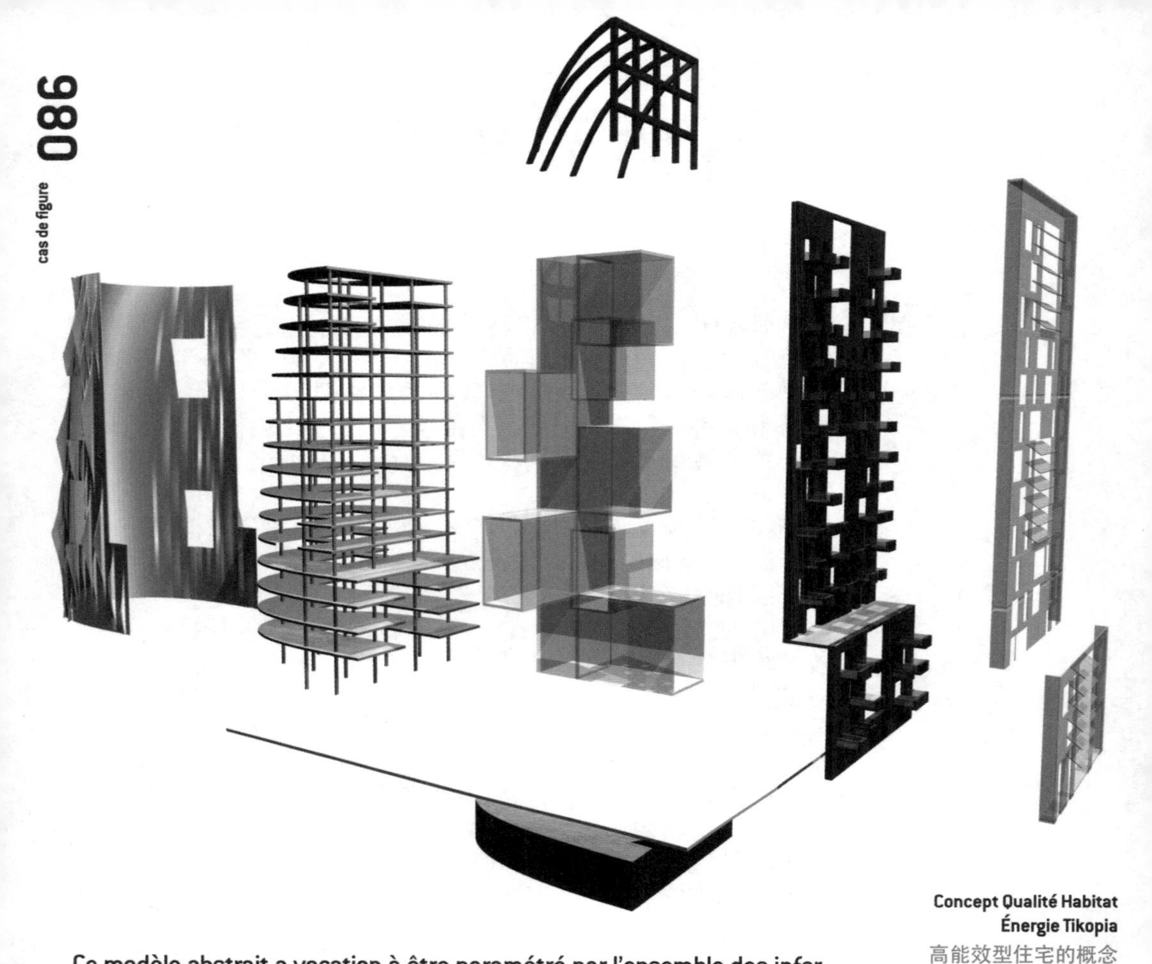

Concept Qualité Habitat Énergie Tikopia
高能效型住宅的概念设计，提柯皮亚

Ce modèle abstrait a vocation à être paramétré par l'ensemble des informations d'un site et d'un programme. La taille des fenêtres, l'épaisseur du manteau et la composition de la façade sud et de ses pare-soleil devront être recalculées pour chaque implantation et pour chaque type de climat. Si TIKOPIA est tout à fait constructible en l'état et pour un coût maîtrisé, il ne constitue cependant pas un modèle. Il ne s'agit seulement que d'un principe de construction que nous avons mis au point avec nos partenaires. Il en existe beaucoup d'autres assurément.
Ce type de projet nous semble éminemment important car il permet de concentrer les réflexions de différents acteurs de la conception architecturale sur un projet optimum en termes de performance énergétique, d'habitabilité et d'urbanité. À notre sens, l'architecture manque de telles synergies et cela est dommageable pour la rapidité d'évolution des matériaux, des modes de conception et de construction.

Les recherches effectuées sur la morphologie des bâtiments ont trouvé matière à s'incarner notamment dans le projet de la **médiathèque et cinéma de Saint-Malo** (France, 2009). Exemplaire en matière de développement durable, cet édifice présente des éléments de toiture travaillés morphologiquement pour protéger des vents, de la pluie et de la lumière. Les courbes mises œuvre dynamisent par ailleurs l'esthétique du projet qui se prolonge en une esplanade publique.

Médiathèque et cinéma
Saint-Malo
圣-马洛多媒体中心与电影院

这一抽象模型需根据工程地点与项目的有效信息确定各类参数，还要依照建筑用地与气候类型的不同对窗框的尺寸、表层的厚度、南侧外墙及其遮阳板的组合重新进行计算。如果"提柯皮亚"可以在控制成本的条件下予以实现的话，那么它就不再简单地是个模型了。"提柯皮亚"仅仅是我们与合作伙伴共同构思的一项建造原理。当然，还会有很多近似的原理一并出现。

此类项目在我们眼中无比重要的原因在于，它可以让我们用心思考建筑设计的方方面面，以期打造出集能源绩效、宜居度与城市性于一身的完美之作。我们相信，建筑若不能将上述三点兼容并包，那么就会对建材的发展速度，设计与建造的方式造成损害。

圣-马洛多媒体中心与电影院项目（法国，*2009*）尤其展示了我们对建筑物形态的研究成果。作为可持续发展的范例，该建筑屋面的某些元素体现出了形态学的概念，从而降低了风雨及光照产生的不利影响。此外，我们所采用的弧线设计还使该建筑充满了延续的美感，直至公共的休闲场所。

focus

聚焦

5
3
2

AUTRES DIRECTIONS
CLERMONT-Fd CENTRE
INTERDIT
EN DEHORS DES
EMPLACEMENTS
MATÉRIALISÉS

WISON

生科技园

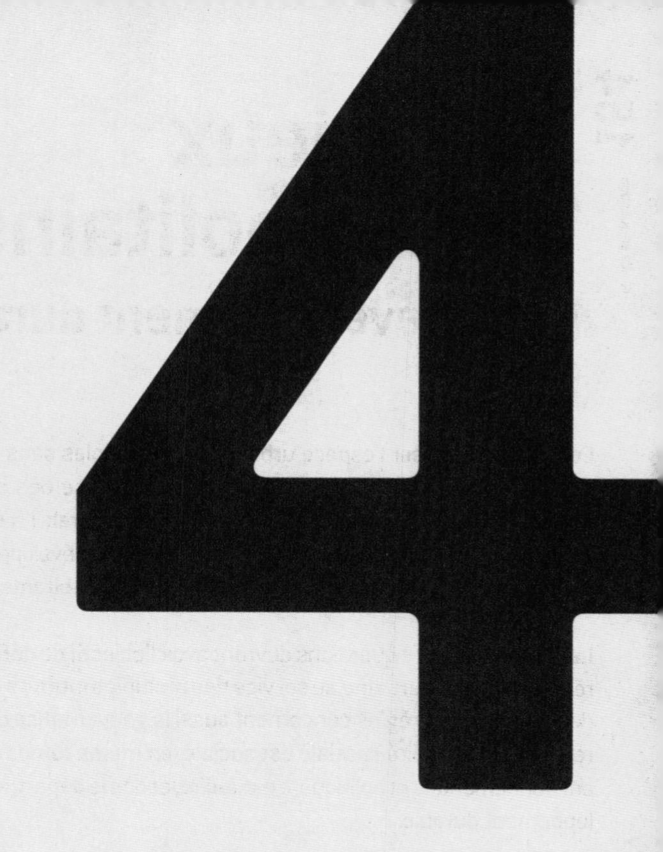

la ville en question

城市问题

Les enjeux métropolitains du développement durable

Comment organiser l'espace urbain des métropoles sans condamner leur évolution future ? Comment associer une analyse des contextes (physiques, paysagers, économiques, sociaux et culturels) à une vision prospective innovante de la vie urbaine ? Que veut dire « développement durable » pour des agglomérations de plusieurs millions d'habitants ?

Les réponses à ces questions devront avoir l'objectif de définir de nouvelles règles de qualité urbaine au service des multiples intérêts des habitants et des usagers. Ces règles concernent aussi la gouvernance de ces territoires repensés. La qualité spatiale est sociale, en même temps qu'économique, environnementale et politique, c'est-à-dire, et dès le départ, au cœur du développement durable.

Quelle métropole « durable » ?

L'espace des métropoles est fait de territoires et d'une multitude de réseaux. Il est un lieu matériel et tout autant qu'immatériel, et même parfois virtuel. Il est économique, politique, psychologique, anthropologique. Il nous parle des places et des rues mais aussi du monde, du tourisme et du travail, des attentes subjectives autant que des pratiques visibles, des individus et de la société dans son ensemble, des êtres humains autant que des objets. Il est fait, inextricablement de lieux et de liens.

Le premier écueil réside dans la notion même de développement durable qui aujourd'hui est loin d'être stabilisée. D'une part, parce que l'accroissement de nos connaissances ne cesse de produire des incertitudes de plus en plus grandes remettant en cause des choix passés. L'exemple des agrocarburants, aujourd'hui très critiqués, en est un parmi d'autres. D'autre part parce que nombreux sont ceux qui, malheureusement, se contentent d'en avoir une compréhension uniquement environnementale. À côté des enjeux climatiques et énergétiques, il doit être aussi question des risques technologiques et naturels, de l'évaluation démocratique et, plus largement, de tout ce qui relève des rôles et liens socio-économiques. Réfléchir à une métropole durable nécessite de réinterroger les représentations (psychologiques, cartographiques, intellectuelles, économiques) liées au couple ville/nature. Car de quoi est-il question si ce n'est d'enfin réconcilier ces deux termes si longtemps opposés ?

Traditionnellement, c'est plutôt le couple nature / culture qui fut interrogé. C'est d'ailleurs à partir de lui qu'a pu être pensé le rapport de l'homme à la ville, cet espace naît de la culture et du génie humain. Nous considérons que les liens tissés par la ville et la nature relèvent davantage d'une osmose ou d'un entrelacs que d'une opposition. Pas plus théoriquement que pratiquement, la ville ne saurait désormais s'opposer à la nature sans plus se confondre. De toute façon, il n'existe aucun dehors à la nature, uniquement des transformations plus ou moins heureuses de celle-ci, dont la ville est une expression.

Réfléchir à une métropole durable nécessite de réinterroger les représentations liées au couple ville/nature

La ville est aujourd'hui devenu majoritairement l'environnement naturel de l'humanité. Elle est devenue sa nature au sens propre du terme. Elle le façonne irrémédiablement. En tant qu'écosystème, la ville fait naître l'homme social. L'opposition tranchée ville/nature» procédant de l'assimilation du progrès, pour les uns, ou de la déchéance de la civilisation, pour les autres, à un arrachement à une nature originelle ne tient plus.

Les aménités naturelles que pourront offrir à l'avenir les métropoles denses et durables sont sans doute la meilleure stratégie pour lutter contre l'étalement urbain, c'est-à-dire la diminution des espaces agricoles, l'inefficacité énergétique et la distanciation sociale. Une ville dense ne signifie pas une ville qui oublie le bien être urbain et la présence d'espaces verts. Il est possible de concevoir des villes où s'entrelacent les éléments architecturaux, urbains, et des éléments naturels sensibles. Ceux-ci peuvent relever d'écosystèmes de synthèse, c'est-à-dire produits par l'ingénierie écologique, aptes à rendre des services divers comme la production de cultures vivrières, la phytoépuration de l'eau, la phytoregénération des sols pollués, etc.

Il y a au sein de la ville une dynamique de continuités et d'oppositions signifiantes de formes urbaines. Ces ruptures tantôt donnent le rythme, tantôt le brisent définitivement. Tout dépend de ce qu'il y a après. Parce que tout dépend toujours de ce qu'il y a après. Rien n'est purement naturel ou purement fabriqué. Tout détail du paysage urbain est un complexe, un mixte de nature et de culture.

Penser les métropoles comme des territoires durables conduit à intégrer en amont un ensemble de problématiques et de notions telles que la ventilation de la ville, l'acoustique urbaine, le confort olfactif, la lutte contre les polutions (air, eau, sol), la biodiversité, le confort visuel, le cycle de l'eau, l'efficacité énergétique, l'empreinte écologique, l'équivalent CO_2, la santé urbaine, la ville pour tous (handicapés notamment), la place de l'agriculture, etc. Cette mutation peut se faire si l'on s'impose des objectifs qualitatifs précis et ambitieux.

Redécouvrir le territoire

La géographie ne constitue plus actuellement un élément préalable de projet. En Europe notamment, une urbanisation hors d'échelle est venue s'imposer en périphérie depuis les années 60 sous les traits de centres commerciaux, de cités résidentielles, de nappes de pavillons, d'entrepôts, d'aéroports, d'autoroutes, de gares de triages, autant de constructions et d'infrastructures qui effacent la topographie par leurs remblais ou déblais gigantesques.

Or, il nous semble important de revenir à une lecture physique et spatiale des territoires. La topographie a un rôle originel dans l'implantation des villes et participe à la qualité comme à l'identité de la plupart. Il s'agit d'intégrer au projet un maximum de paramètres physiques susceptibles de réintroduire des singularités dans l'environnement urbain. Des singularités naturelles ou construites qui aident à qualifier, à distinguer, donc à valoriser un quartier, un lieu, un territoire. Ce rapport au relief doit aussi se doubler d'une attention au réseau hydrographique qui, en tant que conséquence du relief, s'est longtemps imposé comme un facteur structurant du développement urbain. Il ne s'agit pas pour autant de négliger ni de nier le territoire existant né de la main de l'homme. Respecter le territoire, c'est aussi respecter son histoire, faite de grands travaux (canaux, voies de circulation, etc.), et de l'édification de bâtiments divers (logements, usines, etc.).

Revenir à une lecture physique et spatiale des territoires

À partir du XIXe siècle et jusqu'à peu encore, les théories hygiénistes et leurs descendances ont imposé l'enfouissement de l'eau dans des réseaux. Des rivières ont été couvertes, d'autres canalisées. Parallèlement, les mutations des modes de transport, au profit des voies ferrées et des routes, et aux dépens des voies fluviales, ont pratiquement fait disparaître ce qui restait d'eau dans les villes ainsi que les réflexions urbaines sur la place à y consacrer.

Actuellement, si les centres anciens bordent souvent les cours d'eau, les nouveaux leur préfèrent les gares, et les plus récents les autoroutes. Or, à divers titres (risques d'inondation, risques de ruissellement, bassin de rétention, transports fluvial, etc.), l'eau est un élément physique à partir duquel une requalification de la matière urbaine pourrait être menée. C'et aussi un support de « nature » qui introduit le vert et le bleu dans la ville et participe à l'amélioration du cadre de vie. L'eau dans la ville ne doit plus être un simple décor subi mais s'affirmer comme une réalité avec laquelle nous devons travailler.

La qualité de l'espace (physique, programmatique et perceptif) est une condition, certes nécessaire, mais non suffisante pour définir une métropole durable. Il convient également d'interroger, avant toutes propositions spatiales et urbanistiques, le sentiment d'appartenance que les individus, dans leur diversité, entretiennent à l'égard de leur territoire. Ce sentiment ne peut se développer que dans le cadre d'un bien-être humain qui passe par une relation apaisée aux autres et à l'environnement au sens large. Nous touchons ici une problématique politique que l'on synthétise souvent comme « le vivre en commun ».

Interroger le sentiment d'appartenance que les individus entretiennent à l'égard de leur territoire

D'un point de vue phénoménologique, la réalité urbaine et la sociabilité qui en découle pour chacun apparaissent de façon subjective à travers la reconnaissance d'îlots de familiarité (humaine, animale, d'habitudes, de rapports familiaux, de rapports de voisinage, etc.). Entre ces îlots, ne subsistent que des « creux » ou des « trous », comme si la vie sociale ressemblait à un relevé topographique.

Le développement d'une ville joue probablement sur la base de ce fonds commun de familiarités. Les « creux » sont plus ou moins grands. Il y en a d'infranchissables, comme hier les douves des châteaux forts, aujourd'hui le périphérique parisien. Il y en a de plus communs, qui adoptent diverses formes, tels ces interstices urbains (portes cochères, recoins chauffés par les grilles d'aération du métro, etc.) autour desquels vivent les sans-abri.

L'un des premiers objectifs de la réflexion sur une métropole durable peut consister à s'intéresser aux façons dont l'espace d'une métropole peut-être partagé par tous. Il s'agit de faire apparaître, pour mieux les prendre en compte, les sentiments de « mise au ban » qui, à divers titres (emploi, logement, déplacements, rapports à la vie de la cité), minent la cohésion du territoire et de la société concernée. Cela signifie aussi d'intégrer la notion de banlieue dans la cité. Une métropole de plusieurs millions d'habitants ne permet pas d'offrir à tous un centre partagé. Mieux vaut alors tra-

vailler sur des multipolarités de façon à générer localement un bien-être urbain rendant possible un bien-être humain.
L'approche phénoménologique propose également une conception originaire de l'intentionnalité, de la conscience, de l'imaginaire, du sens commun et de l'intersubjectivité qui paraît pouvoir éclairer toute recherche sur la ville. Ces notions sont à mettre à profit pour comprendre les motivations des individus qui habitent ou traversent une ville. C'est l'affaire de quelques détails et du paysage familier qui peut les réunir : qu'il soit petit, large, monumental, flou est indifférent, le paysage n'est pas un point sur une carte, un espace géographique, mais un lieu de pratiques, perçu, ouvert, vivant au rythme des êtres vivants qui le pratiquent.

La réalité urbaine et la sociabilité qui en est l'expression sont aussi fonction d'un horizon de partage

La réalité urbaine et la sociabilité qui en est l'expression sont aussi fonction d'un horizon de partage. Celui-ci peut être une qualité liée au site, comme, par exemple, à Marseille, la mer, que tous, même les gens des quartiers populaires, peuvent rejoindre aisément en traversant la ville. Cet horizon peut être aussi conjoncturel. Ainsi, à Paris, lors de certaines occasions (sportives, politiques, culturelles, etc.), les Champs Élysées, la place de la Concorde ou de la Bastille ou plus simplement certaines artères ou petites places se transforment en lieux de convergence où naît une forme, certes éphémère mais sincère, de convivialité. Cet horizon peut aussi exister, mais certainement pas exclusivement, par la spécialisation de certains lieux et à certains moments. Ainsi, le parc de la Villette à Paris accueille t-il régulièrement dans un espace précis des joueurs de djembé, les bords de Seine, en face de l'île de la Cité des cours de tango, ou, plus dramatiquement, et moins fréquemment, le centre commercial de La Défense des bagarres de bandes rivales.

Quels types d'intervention urbanistique ?

Les grandes métropoles, pour être durables, devront aussi apporter des réponses à un certain nombre de problématiques dont celle du logement n'est pas la moindre. Alors qu'elles sont toutes entrées dans une course internationale à l'excellence, en matière de richesses, d'attractivité économique ou de qualité de vie, paradoxalement les difficultés d'accès au logement des classes moyennes, modestes et défavorisées n'ont jamais été aussi fortes. Le manque de logements financièrement accessibles et leur répartition inégale posent la question de leur capacité à intégrer socialement et économiquement les plus fragiles des métropolitains. La construction massive

de logements économes énergétiquement est inévitable si l'on veut anticiper et combattre la précarité énergétique qui commence à apparaître avec acuité, notamment en Grande-Bretagne.
La mobilité, autour de laquelle se dessine ce qui fait à la fois la qualité d'une vie personnelle et celle d'un monde commun, pose aussi diverses questions. Si notre mode de vie se caractérise par la nécessité de jongler avec le temps et l'espace pour réaliser des activités de plus en plus éloignées les unes des autres, est-on pour autant plus libres et comment se réalise cette liberté si elle existe pleinement ? Par ailleurs, face aux épreuves de la mobilité, les personnes s'avèrent profondément inégales, et pas seulement pour des questions d'accessibilité. Enfin, les systèmes de transport et de communication à distance ont connu des avancées considérables. Voit-on pour autant émerger des manières nouvelles de « faire avec » l'espace hormis l'exemple du télétravail ? Quels liens médiats ou immédiats avec la mobilité entretiennent des phénomènes comme l'étalement urbain, la ségrégation, la fragmentation ou encore la gentrification ?
Ces interrogations auxquelles il convient d'apporter des réponses nous montrent que la mobilité vient questionner les fondements mêmes de notre « vivre ensemble » dans son organisation pratique et dans son horizon politique et moral. Les réponses traditionnellement apportées (plus de transports collectifs, moins de voitures en centre-ville) ne résolvent qu'en partie les problèmes de déplacement et de pollution. Ainsi, il ne nous semble pas qu'il faille privilégier un mode de transport sur l'autre, mais plutôt permettre leur complémentarité en fonction de leur efficacité, de leur usage, de leur empreinte environnementale et de leur impact social.

Une complémentarité affirmée conjuguant ici l'expression urbaine d'un pouvoir public, là les vitalités d'initiatives privées

Entre la planification massive et le laisser-faire, il existe un juste milieu capable de conjuguer la liberté de l'initiative privée et la capacité retrouvée d'un pouvoir politique fort permettant de prendre en charge la maîtrise générale des métropoles. Ce juste milieu est celui d'une complémentarité affirmée conjuguant ici l'expression urbaine d'un pouvoir public, là les vitalités d'initiatives privées.

La réflexion sur les types d'intervention urbanistiques doit s'organiser à différentes échelles des métropoles : celle de leur rapport au monde, de leur rapport aux territoires et aux quartiers, et enfin de leur rapport à une micro-échelle relevant de l'ordre du détail.
Les grandes métropoles communiquent d'abord avec le monde grâce à leur image. Certaines sont même quasiment devenues des marques, à l'instar de Paris ou de Dubaï identifiée comme la capitale de toutes les audaces architecturales et urbaines.

Les métropoles radioconcentriques sont confrontées à partir d'une certaine taille aux limites de leur forme. Une ville de plusieurs millions d'habitants ne peut plus posséder un centre unique qui puisse prétendre assurer son identité urbaine tant physiquement que symboliquement. À partir du moment où ce centre n'est plus facilement et rapidement accessible à tous, la rupture spatiale a tôt fait de se muer en rupture sociale. L'échelle de la ville reste, qu'on le veuille ou non, confrontée à l'échelle de l'homme et à sa capacité de s'y déplacer aisément.

Définir un polycentrisme efficace

L'enjeu est alors de définir un polycentrisme efficace, seul capable de générer une dynamique à l'ensemble du système métropolitain et d'assurer l'identification de pôles urbains structurants. Nous soutenons l'idée de faire émerger plusieurs centres ayant chacun leur spécificité, et qui seraient à chaque fois « le » centre de la ville dans un domaine particulier. Il faut pour cela travailler à partir des potentialités existantes, en particulier sur les liens physiques entre ces différentes centralités. Mais il faut aussi faire disparaître certaines limites - comme celle que symbolise à Paris le périphérique - avant de générer des continuités spatiales. La dimension physique de la ville impose de revisiter les bons vieux fondements de l'urbanisme méditerranéen, centre, axes, places, et monuments.

L'hypothèse du polycentrisme oblige de choisir, selon les contextes, entre le renforcement des quartiers hautement spécialisés (affaires, industrie, commerce, etc..) ou au contraire la dissémination de l'activité afin d'en faire bénéficier l'ensemble de la métropole. Si la pertinence du premier choix peut être défendu d'un point de vue économique, elle ne tient pas dès que l'on aborde la dimension sociale et les avantages que procure aux populations le choix de la dissémination. Aucun des deux choix n'est en soi évident. Et à choisir le second, on risque de casser des dynamiques économiques déjà rudement mise à l'épreuve par la compétition internationale des territoires. Tout dépend du contexte et, sinon des compensations, du moins des mécanismes de rééquilibrages mis en œuvre, dont la péréquation n'est que l'un des visages.

Il ne faut cependant pas s'interdire de penser les ruptures en terme de masses bâties, de formes urbaines ou de programmes. Ce qui fait la qualité d'une ville, ce sont aussi ses hiatus qui créent des surprises et lui donnent du relief. Le même raisonnement peut s'appliquer à la qualité des immeubles. Ainsi, le Paris actuel, tant vénéré pour son architecture, recèle en vérité une quantité d'édifices de peu d'intérêt. Mais c'est justement la

juxtaposition de ceux-ci avec d'autres, remarquables, qui crée cette ville que le monde entier nous envie. Là encore, la perception et l'usage de la ville ne naissent que des contrastes qu'elle savent ménager.
Reste la question délicate des modalités d'intervention nécessaires à la mutation de nos métropoles en métropoles durables. Les villes européennes plutôt denses et ramassées, par rapport aux modèles d'urbanisation américain et australien, semblent mieux à même d'opérer ce changement.
Il ne nous semble bien évidemment pas réalisable d'intervenir sur l'ensemble du territoire d'une métropole, tout simplement car il est impossible (financièrement, temporellement, etc.) de le traiter efficacement en tenant compte de tous les paramètres. L'idée que nous privilégions est plutôt d'agir sur des territoires délimités qui ne seront pas forcément identifiés par un ensemble de données socio-économiques ou culturelles (comme peuvent l'être par exemple en France les quartiers d'habitat social) ou même par une unité urbaine formelle (les quartiers pavillonnaires). Ces territoires devront empiéter sur diverses formes de quartiers et présenter des caractéristiques variées. Ils deviendront le cadre de réalisations expérimentales s'extrayant des cadres normatifs de la planification et de la construction. En deux mots, il s'agit de libérer l'expression architecturale et urbaine ponctuellement, en définissant des zones de projets non soumises aux règles communes du droit de la construction et de l'urbanisme, qui si elles ont des qualités, musèlent néanmoins la création et l'invention de formes urbaines nouvelles et innovantes. Redonner un sens partagé à cette cité/métropole, vitaliser des centres (pas au sens classique du terme mais au sens de « pôles d'intensité urbaine ») nécessite d'agir ponctuellement et précisément sur des portions de territoires présentant de multiples caractéristiques.

Agir sur des territoires délimités

Ce mode d'intervention requiert un haut niveau de réflexion ponctuelle, dont le résultat aura valeur d'exemplarité pour les autres parties du territoire « non traitées ». L'effet de contagion, ou plus exactement de germe, différé forcément, fera le reste. Il ne s'agit pas d'imposer un rythme, mais d'impulser un mouvement qui s'enrichira au gré des contingences et de l'évolution propre des territoires. Nous nous plaçons dans une logique de dissémination, de dispersion de germes d'une nouvelle urbanité. Cette dissémination se décline en termes de qualité de vie (normes développement durable très contraignantes, présence de modes doux de transport), mais peut aussi être porté par de nouveaux modèles de gouvernance territoriales à envisager selon les territoires et les contextes.

Car l'enjeu n'est pas tant de construire des villes neuves parfaites écologiquement que de faire des villes nouvelles écologiques dans la ville existante. Rappelons à ce titre que les bâtiments existants sont les plus nocifs en termes d'émission de gaz à effet de serre est que c'est là que résident les véritables sources d'économies et les véritables enjeux du développement durable. Ce type d'interventions localisées aurait l'avantage de créer plus de contraste entre les formes et les qualités du bâti, et donc d'induire une dynamique urbaine susceptible d'engendrer une spéculation foncière positive basée sur l'efficacité énergétique des bâtiments et la qualité des logements.

Globalement, nous ne pensons pas que l'étalement urbain puisse être combattu uniquement par des dispositions urbanistiques. Car ce n'est pas seulement en délimitant réglementairement une aire urbaine que l'on va empêcher les gens d'aller miter les territoires, même si cela reste nécessaire néanmoins. Nous préférons mettre en œuvre une logique de « trous noirs urbains », en focalisant notre attention sur des parties précises d'un territoire métropolitain, tellement dense en qualités, qu'elles joueront le rôle d'une force d'attraction avec des effets « urbanisant » sur leurs périphéries. Enfin, cette dynamique spatiale est aussi temporelle, puisqu'elle insuffle des rythmes d'évolution de la ville, une condition initiale au sentiment que le cadre de vie évolue.

Engendrer une spéculation foncière positive basée sur l'efficacité énergétique des bâtiments et la qualité des logements

La ville durable ne sera pas celle des solutions toutes faites. Plutôt que de s'orienter vers l'utilisation de systèmes techniques, il nous paraît souhaitable de travailler à l'élaboration de « boîtes à outils », ou de « mécaniques opérantes » à hauts objectifs qualitatifs comme celles que nous venons d'évoquer à l'instant. Cela permet, à travers notamment des études urbaines, d'offrir aux usagers et aux décideurs de l'espace métropolitain une meilleure lisibilité des contextes et des enjeux. Cela leur donne aussi des outils conceptuels et pratiques leur permettant de gérer et de décider en pleine conscience et en toute liberté de l'avenir de leur territoire.

Le développement durable ne se fera pas contre ou au-dessus des populations mais avec elles. Il faut cesser de croire que l'urbanisme ou l'architecture peuvent faire le bonheur des gens malgré eux. Car il ne sert à rien de construire durable si l'on n'a pas préalablement sensibilisé les usagers. Des études indiquent qu'un même bâtiment peut utiliser deux fois moins d'énergie en fonction du comportement de ses usagers. Chacun a sa part de responsabilité. C'est pourquoi il nous faut favoriser un nouveau dialogue avec la société civile. C'est ce que nous essayons de faire avec cet ouvrage.

可持续发展面临的挑战

如何对城市空间进行组织，又不妨碍它们未来的发展？如何将背景分析（社交环境、自然环境、经济环境以及社会与文化环境）与日新月异的城市生活有机结合？对于那些人口数百万的大都会而言，“可持续发展”意味着什么？

要想回答上述一连串的问题，我们就必须确立城市质量的新标准，服务于建筑用户与住户各方的利益。这些标准还涉及土地重整后的管理工作。空间的质量关系到社会、经济、环境与政治诸多因素，也就是说，它始终是可持续发展的核心议题。

怎样的“可持续”城市？

城市中的空间是由土地以及庞杂的网络系统共同构成的。它既是物质的世界，又是精神的一隅，有时甚至是虚拟的地域。与经济、政治、人文密不可分的城市向我们展示着那里的广场与街巷，为我们传递着有关世界、旅游观光、工作情况、主观期许与客观实践、个人与社会的丰富信息，当然这当中还包括各类事物与人类自己。因此，城市的诞生离不开错综复杂的实体环境以及它们之间的相互联系。

探索可持续城市需要反复考问城市与自然两者关系的表现形式

至今无法精确定义的可持续发展的概念是我们所遭遇的首要难题。这一方面是因为随着相关认识的与日俱增，我们反而愈发踌躇，不断向曾经的选择提出质疑，今天屡受批评的生物燃料便是其中之一。另一方面是因为很多人满足于将可持续发展简单地解释为环境问题，令人惋惜。除了气候与能源带来的挑战以外，我们还应考虑科技与自然界潜在的风险，评估民主的发展。更宽泛来讲，就是涵盖社会与经济范畴的方方面面。探索可持续城市需要反复考问城市与自然两者关系（在心理、测绘、知识与经济层面上）的表现形式。倘若我们最终无法将上述两个长期对立的问题加以调和的话，那么我们的讨论难道不会显得无的放矢吗？

就传统而言，人们更倾向于对自然与文化之间的关系提出质疑，因为它们是人类与城市建立联系的基础，因为城市这一空间恰恰诞生自文化与人类的智慧。我们认为为城市与自然界建立联系应基于彼此潜移默化的影响或相互的和谐交织，而非两者间的排斥。无论从理论上讲，还是从实际情况出发，城市与自然势同水火的局面将自此一去不复返。无论如何，游离于自然之外的事物将不复存在，而城市则可作为某种表达方式展现出大自然自身的转变，这种转变将会令人或多过少地感到欣喜。

如今，城市已愈发成为人类生存的空间，从本义上讲，成为了人类自己打造的自然。城市改造自然的现状难以挽回。被视作生态系统的城市孕育出了人类这样的社会产物。在某些人眼中，城市与大自然的尖锐矛盾源于同化发展的过程，而另一部分人则将其归咎于因脱离原始自然环境而导致的文明丧失。然而，这样的矛盾将不会持久。

毫无疑问，可持续的密集型城市能够在未来创造出宜人的环境，更是抑制城市蔓生的最佳策略，即对抗耕地面积减少、能源利用率低下以及人际关系疏远的现象。一座稠密的城市并非意味着要忽略生活的安乐与空间的美化。我们的城市设计可以将建筑元素、城市元素以及不容遗忘的自然元素兼容并包，而后者则依托于生态工程所创造的综合型生态系统。该系统具备粮食作物生产、水生植物废水处理以及植物净化污染土地等多项功能。
一座城市的形态存在着动态的延续性与冲突性。这样的停断颇具意义、它们时而显得韵律起伏，时而显得杂乱无章。这取决于随后的状况，因为世间万物皆由随后的状况而定，那里没有纯粹的天然，也没有纯粹的臆造。城市景观的所有细节构成了一个复杂的整体，并将自然与文化相互融合。

要将城市想象为一处可持续发展的地带就必须事先归纳所有的问题与概念，例如城市的通风与声学效果，嗅觉上与视觉上的舒适感、污染的防治（空气、水与土地）、生物多样性的保护、水的循环利用、能源的绩效、生态印记、二氧化碳当量、居民健康、无障碍环境设计（特别针对残疾人）、农业所占比重，等等。如果我们能够制定出具体而清晰的远大目标，那么这样的转变就会到来。

地域新探

目前，地理条件已不再是各建筑项目考虑的先决因素了。自(20世纪)60年代起，特别是在欧洲，大规模的城市化运动便以多种形式席卷了城郊地区，其中既包括商业中心、住宅群、鳞次栉比的单体别墅、仓库、机场、高速公路与铁路货栈，还包括对当地环境进行大面积填方与挖掘作业的各类工程与基建项目。

重新认识土地实貌及空间的重要性

因此，我们感到有必要重新认识土地实貌及空间的重要性。就城市选址而言，地形测量在其中占据着首要位置，它常常益于树立城市的品质与标志性。关键的是要尽量搜集与城市环境特性有关的物理参数，并将其引入项目之中。自然环境与建造环境的特性可以衬托出某一街区、某一地带或某一地域的独到之处，并最终提升它们的价值。了解地貌的同时需要重视因此而生的水系分布。长久以来，它始终被视作城市发展的一个决定性因素。尽管如此，这并非是说我们要去忽略并否定源自人类双手的创造。尊重土地就意味着要尊重那段由浩大的工程(运河、道路，等等)与各类建造项目(住宅、工厂，等等)共同写就的历史。

无论是最初的19世纪，还是近期，卫生学者及其后辈极力推行的理论给城市中的水带来了无妄之灾，其中有部分河流被填埋，而另一部分则被改造为水渠。与此同时，因铁路与道路的发展而逐渐改变的交通方式却是以牺牲河道为代价，这使得城市中的水体消失殆尽，也使得人们在思考城市问题时将水的因素抛诸脑后。从目前来看，如果说过去的城市往往是依水而息的话，那么今天的城市则更愿意选择火车站以及近些年来发展迅猛的高速公路。然而，从不同的角度出发(洪涝灾害、径流威胁、滞留池、水路交通，等等)，水如同一个有形的元素，我们可以借由它重新定义城市的肌体。此外，它还是"天然"的媒介，可将绿色的植物与蓝色的水体引入城市，并改善那里的生活环境。城市中的水不再是简单的装饰，而是我们在工作中必须面对的现实问题。

(在实体、设计与感官层面的)空间质量虽然是一个必要条件,但它仍旧无法准确定义何谓可持续城市。在给出一切有关空间与城市规划的提议之前,我们应该试问怎样才能让形形色色的个体对这片土地产生归属感。然而,这种感觉仅仅是人们在拥有安康的生活并与他人及广义的环境和谐共处时才能得以增强。在这里,我们将触及一个常常被概括为“共生”的决策性问题。
根据现象学的观点,每个人均会对自己所生活的区域产生某种亲近感(人际交往、动物活动、个人习惯、家庭及邻里关系,等等),而他们在城市中的生活现状以及由此而来的社会性将自主地表现出来。在这些区域之间,仅有不同的“隔断”与“缝隙”穿插其中,使得社会生活就像一张地形测绘图。

一座城市的发展或许正是建立在这种共有的亲密感之上。那些“隔断”往往显得异常宽阔,甚至有点让人无法逾越,就如同旧时堡垒的护城河与今日巴黎的环城路一般。而另一些区域则显得更为大众且形式多样,例如(用于车辆通行的大门以及被地铁通气格栅温热的角落,等等)这些城市的“缝隙”成为了无家可归者的生存之地。

当我们思考可持续城市的初期目标时,其中的一项便是创造出人人皆可分享的城市空间。为此,我们需要在多个方面(工作、住房、出行、人们与城市生活的关系)重视“疏离感”的存在,因为它会对地域与社会间的依存关系造成破坏。这同样意味着要将郊区的概念纳入城市的范畴。拥有数百万人口的大都会无法提供单一的共享区域。因此,我们最好能够在城市的多极化方面展开工作,从而在打造宜居城市的同时让这里的人们可以安居乐业。

试问如何才能使形形色色的个体对这片土地产生归属感

以现象学的方法为依据,我们同样可以从中获得有关意向性、感知、想象、常识与人际沟通方面的原始构想,而后者似乎还可以作为各类城市研究的起点。这些基本概念益于人们了解居民或游客们选择某座城市的动因。正是那里的些许细节与散发亲切感的景观将他们聚集在了一起:无论那里的景色是否壮丽,是否令人印象深刻均无关紧要,因为景观并非地图上的一点,也并非所谓的地理空间,而是一处可被感知的开放区域,一处跟随生命节拍共同跃动的地带。

城市的现实性以及随之而来的社会性同样依赖于共享的方式，而这种共享或许是某一地点所具有的特质。例如在马赛，人人都可以穿过城市来到海边自由漫步，即使是来自社会底层的人们。这种共享也会随时发生转变。因此，在举办（体育、政治与文化）活动之际，巴黎的香榭丽舍大街、协和广场、巴士底广场或者仅仅是某些城市干道与小型广场均可变换为集散场所，孕育出了虽短暂却真诚的社交形式。当然，这样的共享并非一成不变，它同样可以随地点的专业性与时间的特殊性而发生转变。于是，巴黎的拉维莱特公园会定期为非洲手鼓表演提供专用场地，而西岱岛对面的塞纳河畔则成为了探戈舞的授课地点，甚至拉·德芳斯的商业中心偶尔还会变成打架斗殴的场所。

城市的现实性以及随之而来的社会性同样依赖于共享的方式

如何选择城市规划的手段？

为了实现可持续发展的目标，大型城市就必须首先解决若干问题，而其中的住宅问题则显得举足轻重。当各大城市逐一加入国际竞争，追求卓越、财富、招商引资与居民的生活质量时，那里的中产阶层、工人阶层与贫民阶层却面临着前所未有的住房难题。经济型住宅的不足与分配的不公使得我们怀疑，在社会与经济层面，城市能否解决这些弱势群体的融入问题。如果我们希望预见并抵抗已经骤然出现的能源短缺现象，尤其是在英国，那么大规模兴建低能耗住宅便是当务之急。

作为保证个人生活与社会生活质量的基础，城市的流动性同样抛出了各种各样的问题。倘若我们的生活方式需以兼顾空间与时间为特征，却又无奈地去从事那些彼此疏离的活动，那么我们能够从中获得自由吗？果真如此的话，我们又如何去充分利用这些自由呢？另外，面对流动性带来的考验，人与人之间的不平等显现无遗，而这不单单涉及可达性的问题。最终，交通及远程通信系统迎来了长足的发展。然而，除去远程办公以外，我们是否还看到了其他可充分利用空间的新方式呢？而流动性又与城市蔓生、社会隔离与分裂以及“绅士化”现象之间存在着哪些间接或直接的关联？
这些亟待解答的疑问表明--，在实际组织、政治与道德层面，城市的流动性可谓能否实现“共生”的根本。传统方案（提升市中心的公交运力，减少私家车数量）仅仅可以解决部分出行与污染问题。我们因而认为，在对待各类交通工具时，我们不能厚此薄彼，而应基于它们的效率、用途以及对环境与社会的影响进行相互的补充。

在大规模的规划方案(政府行为)与"放任自流"(个人行为)两者间存在着某种平衡,它能够将个人选择的自由与强大的政治权力有机结合。这样的"折中方法"可作为强有力的补充,用以协调政府的城市政策与主观的个人选择。

在思考如何引入各类规划方案时,我们必须对城市不同的层级予以考虑:它们与外部世界的关系;它们与地域或街区的关系;它们与微小局部的关系。
首先,大型城市会凭借自身的形象与世界展开交流,它们中的一些几乎成为了某种符号,以巴黎、迪拜这两座大都会为例,它们皆因在建筑及城市规划方面的果敢而闻名于世。

当中心发散型城市达到一定规模时便会遭遇到形式上的瓶颈。在实体性及标志性方面,一座拥有数百万人口的城市已无法将用于展示城镇特色的所有功能集中在单一的中心区内。一旦该区域无法提供简便而快捷的出入方式,便会阻断城市的空间,并迅速造成社会分化。无论是否情愿,城市的规模取决于每个人以及出行方便与否。

协调政府的城市政策与个人的主观选择

因此而来的挑战是如何实现有效的"多中心"布局,它是唯一能够为城镇网络创造活力的方法。与此同时,它还可确保各中心所具有的结构功能与辨识度。我们支持这一理念,支持打造特色各异的活动空间,并使其成为某一特定领域内的城市中心。为此,我们需要挖掘城市的现有潜力,尤其是存在于各中心之间的有形联系。然而,在建立空间的延续性之前,我们应当摆脱某些限制,例如巴黎标志性的环城公路。城镇的实体规模要求我们重新考虑地中海城市的规划原则,例如那里的市中心、交通干线、广场与名胜古迹,因为它们已得到了历史的验证。

实现有效的“多中心”布局

“多中心化”的构想必须以当地环境为前提，或是选择巩固街区的高度专用化（商务区、工业区、贸易区，等等），或是采取与之相悖的分散化处理手段，从而使整座城市受益。如果说从经济角度出发，第一种选择还具备其合理性的话，那么一旦触及社会层面以及考虑到分散布局在惠民方面的优势时，它就难以立足了。但是，以上两个选项均非无懈可击。倘若选择后者的话，就有可能破坏在外部的国际竞争中遭受严峻考验的经济活力。这一切均取决于所处的环境，或者是（两者间）优势的互补，以及某些平衡机制的实施，而所谓的平衡也仅是其中的一个面相罢了。

然而，我们不应阻止自己对建筑群落、城市形态或项目形式中存在的种种断续性进行思考。一座城市的品质同样源自那些能够制造惊喜、赋予其层次感的断续效果，而类似的道理也适用于各类建筑物。因此，今天的巴黎虽对建筑抱有崇敬之心，却又的确掩藏着众多了无生趣的建筑物。然而，正是它们与那些地标式建筑共同创造了这座令人艳羡的城市。不仅如此，我们对这座城市的感知以及它的功能正是诞生于这种绝妙的反差之中。

采取怎样的必要手段才能使我们的城市逐步走上可持续发展之路仍是个棘手的问题。与美国以及澳大利亚的城市规划模式相比，欧洲城市的布局显得更为稠密与集中，而这似乎更易于实行上述改变。
就我们而言，这样的转变显然难以覆盖城市的每个角落，这仅仅是因为我们无法在采取有效行动（资金、时间总量，等等）的同时将所有的参数一并考虑。因此，我们会优先划定某些区域，而它们未必能够体现出社会经济或文化方面的整体数据（例如法国的福利住房社区），甚至不属于某个样板式的城市单元（单体别墅区）。这些区域必须具有多样化的社区形式以彰显出不同的特征。它们将成为试验性方案的实施场所，而这些方案则与规划及建造标准不符。简而言之，重要的是对建筑及城市进行随心所欲的表达，并划定可打破建造与城市规划通则的各项方案所需的范围。倘若后者具备某些优势的话，它们会抑制与新型及革新型城市形态有关的发明创造。要想再度给与城市/大都会可供分享的空间，让各个中心焕发活力（并非该词的传统释意，而是指“城市的密集型活动中心”）就必须制定出明确而具体的措施，以用于特征多样的不同区域。

此类模式对思考的精细程度要求颇高，就那部分"未经处理"的区域而言，其结果具有指导性意义，而剩余的问题则可交由扩散效应，更准确地说是"种子效应"来慢慢予以解决。在这里，我们无须强制规定它们的发展节奏，而是激发出某种可随时局的变幻以及上述区域的自我发展而逐渐丰富起来的运动状态。实施分散化，播撒可孕育出都市新风格的种子正是我们的逻辑所在。这样的分散化不仅可以体现在生活质量之上(颇为严格的可持续发展标准、非机动化交通工具的出现)，还可以利用符合地域及其环境状况的新型土地管理模式得以实现。

划定作业区域

这是因为，(我们所面临的)挑战并非是要刻意去建造尽善尽美的生态新城，而是要借由城市的现有条件去创造生态新城。让我们回想那些已有的建筑，它们既是温室气体排放的罪魁祸首，又是能源消耗的真正根源，更是可持续发展面临的真正考验。此类局部化的参与方式或许更益于创造出建筑外形与建筑质量之间的反差，从而为城市注入活力，孕育出以建筑的能源利用率与住房质量为基础、具有积极意义的地产投资行为。
总而言之，我们认为城市的扩张无法单单依靠规划措施加以控管。这是因为，虽然相关法规必不可少，但我们却无法通过对城市进行范围界定来阻止人们"蚕食"那些区域。我们更倾向于引入"城市黑洞"的理论，将注意力集中在某些优点众多的城市局部之上，使其在扮演"磁铁"这一角色的同时为周边地区营造出"城市化"的效果。然而，这样的空间活力也可能转瞬即逝，这是因为它们会推动城市的演进，而这种演进正是让人感到生活环境有所改善的先决条件之一。

可持续城市并非万能的解决方案。与使用技术系统的趋势相比，我们更希望制作出某些"工具箱"，抑或建立某些具有高标准的"有效机制"，诸如上述的种种范例。这会让城市空间的使用者与决策者，尤其是在他们对城市进行研究之后能够更为清晰地了解环境问题以及由此而来的挑战。

孕育出以建筑的能源利用率与住房质量为基础，具有积极意义的地产投资行为

这还可以让他们获得设计与实践的工具，让他们在对情况熟稔于心的同时自由地管理这一地区，决定它的未来。可持续发展不会有违或凌驾于人们的意愿之上，而是一个相互理解的过程。我们不应再执迷于城市规划或建筑本身能够为人们创造幸福的论调，这是因为，如果用户没能事先了解可持续建造的意义所在，那么它便会显得一无是处。某些研究表明，一幢建筑物的能源消耗量可因用户的行为减少一半，因此我们人人有责。这就是为什么我们应该与（当今的）公民社会展开新一轮的对话，而这正是我们在本书中所要做出的尝试。

éloge de la densité

为"稠密度"喝彩

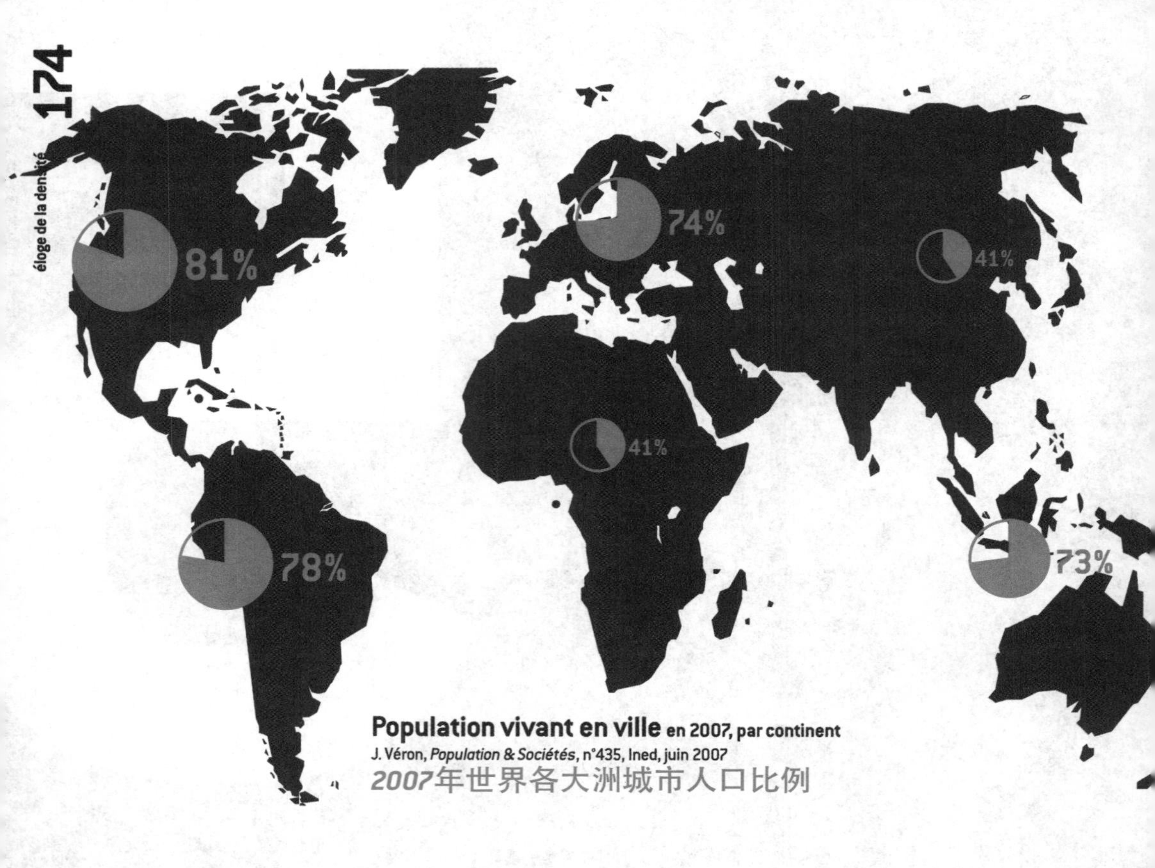

Population vivant en ville en 2007, par continent
J. Véron, *Population & Sociétés*, n°435, Ined, juin 2007
2007年世界各大洲城市人口比例

Du rural à l'urbain

La densification de l'habitat est une des solutions pour limiter les consommations énergétiques, en particulier celles liées aux transports. Ces dernières années, la ville résidentielle étalée s'est imposée en Occident mais aussi en Asie, avec ses tapis de maisons individuelles, ses centres commerciaux périphériques et son mitage du paysage. En Europe, si les tendances observées se confirment, la superficie urbanisée du vieux continent pourrait doubler en un peu plus d'un siècle. Ce mode d'urbanisation, qui rend très dépendant de l'automobile comme l'ont montré Newman et Kenworthy il y a déjà vingt ans, nuit à l'environnement[1] et coûte cher. Selon la distance des trajets, la demande d'énergie peut en effet varier de plus de 130 %[2]. Dans de telles conditions, l'étalement urbain, qui participe également à la disparition des surfaces agricoles et à la distanciation sociale, est tout sauf durable. Si les architectes et les urbanistes ne peuvent lutter seuls contre son développement et la propension des individus à rechercher un habitat hors de la ville pour tout un tas de raisons d'ordre économique ou tenant à la recherche d'un cadre de vie « naturel », ils doivent privilégier des stratégies de densification adaptées à chaque type d'urbanisation.

1 Le rapport *Urban sprawl in Europe – the ignored challenge* (2006) de l'Agence européenne pour l'environnement 1 (AEE) indique qu'un grand nombre des problèmes environnementaux constatés en Europe sont dus à l'expansion rapide des zones urbaines qui concerne un quart du territoire de l'Union.
2 Selon une étude de G. Haugton et C. Hunter intitulée *The sustainable cities*, Jessica Kingsley Publishers, 1996.

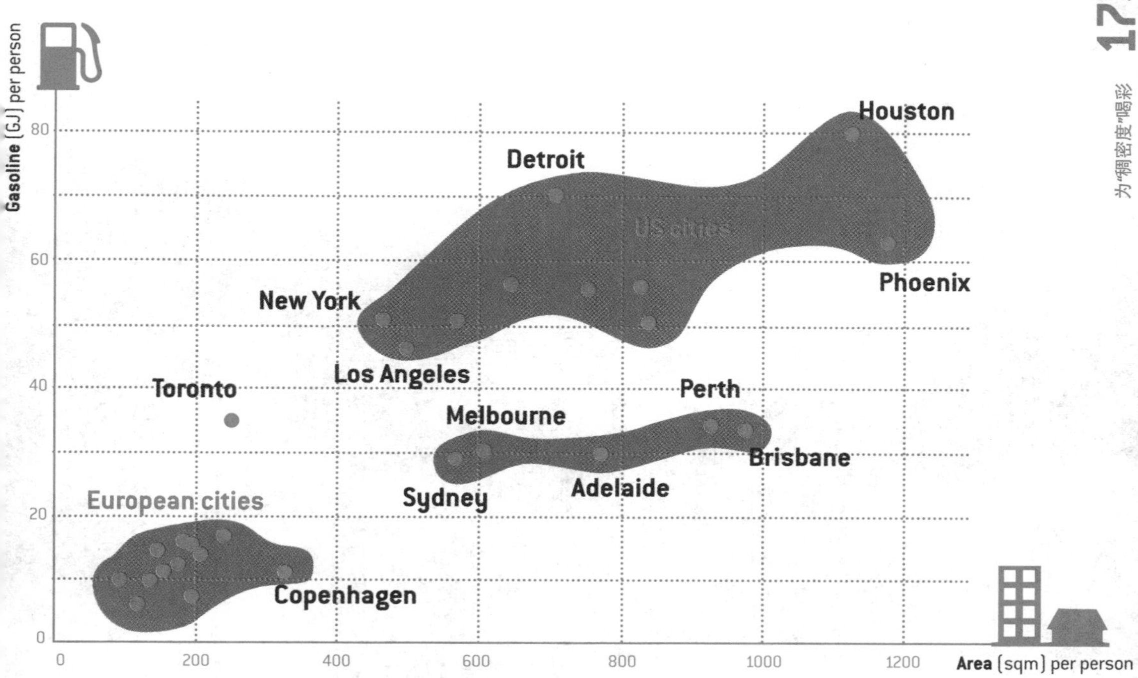

Gasoline (GJ) per person
80
60
40
20
0
Houston
Detroit
US cities
Phoenix
New York
Los Angeles
Toronto
Perth
Melbourne
Brisbane
Adelaide
Sydney
European cities
Copenhagen
0
200
400
600
800
1000
1200
Area (sqm) per person

从乡村到城市

增加住宅的稠密度是减少能源消耗的一个有效手段，特别是能够解决与交通有关的耗能问题。近些年来，呈“地毯式”蔓延的独栋别墅区与市郊的商业中心等城市扩张的现象屡屡光顾西方世界与亚洲各国，并侵蚀着那里的城市景观。在欧洲，一旦上述趋势得以证实的话，那么这片古老大陆的城市面积或许会在一百余年后增加一倍。如同纽曼（*Newman*）与肯沃西（*Kenworthy*）[1]这两位学者在二十年前所预见的那样，这种极度依赖于私人轿车的城市化模式不仅会破坏环境，而且成本高昂。根据行程的距离，人们对能源的需求会产生相应的变化，其间的差距甚至会超过*130%*[2]。在这种情况下，可谓无所不包的城市扩张现象唯独置可持续发展于不顾，从而导致了耕地面积的锐减以及社会的疏离。

如果说建筑师与城市规划师无力独自对抗这种蔓延之势，而人们又出于经济原因希望在城郊选择一处栖身之所，或是渴望接触“大自然”的话，那么（我们）这些专业人士就必须优先考虑适于各类城市化进程的集约型城建策略。

1 欧洲环境署（*AEE*）的研究报告—“欧洲的城市扩张—被忽视的挑战”（*2006*）显示，欧洲所出现的大量环境问题应归咎于城区的迅速扩张，而该现象已波及了欧盟各国四分之一的土地。

2 根据由*G*·霍顿与*C*·亨特共同编著的“可持续城市”一书，杰西卡·金斯利出版社，*1966*。

Résidence touristique
Saint-Julien-Montdenis
圣-于连-蒙丹尼的观光公寓

Rurbanisme

Cette densification doit être appliquée à toutes les échelles du territoire, du village rural au nouveau quartier urbain. Pour le projet d'**écovillage**, à Bouchemaine (France, 2009), petit bourg au sud d'Angers de 6 200 habitants déjà atteint par la fièvre pavillonnaire, nous proposons un modèle d'urbanisme « rurbain » structurant. Ce nouveau quartier composé de plusieurs types d'habitations (logements collectifs, maisons mitoyennes, maisons individuelles) et éventuellement de commerces vient se greffer au cœur d'une poche de pavillons située au sud-ouest du village. Le réseau viaire de desserte est prolongé pour desservir à l'ouest de petits collectifs, des pavillons à l'est, et rejoindre au sud la route de la Pommeraye jusqu'ici inaccessible en auto. Entre les deux, des barrettes de maisons de villes émergent des collectifs, enchâssées dans une trame de venelles réservées aux piétons. Les voitures n'ont accès qu'à une partie des cheminements internes réservés pour l'essentiel aux circulations douces et aux aires de jeux des enfants. L'orientation du bâti est doublement contrainte. Elle permet d'une part aux logements de bénéficier d'un maximum d'apports solaires passifs et tient compte également des vents dominants. La prise en compte de ces deux paramètres rend plus aisé l'objectif bâtiments basse consommation, soit une consommation inférieure à 50 kwh/m^2/an.

城郊化

增加稠密度这一方法应用于城市的各个层级，无论是乡村，还是新城区。位处昂热南部的小镇——布什迈讷已有6200位居民遭受到了独栋别墅疯狂扩张的影响。为此，我们在布什迈讷生态村项目（法国，2009）中建议采用具有结构功能的城郊结合规划模式。该新区由若干类型的住宅（公寓、连体及单体别墅）与必要的商埠共同组成，且刚刚被"植入"布什迈讷西南别墅区的核心地带，而四向延伸的道路系统则通往西面的小型公寓区与东面的别墅区，并与南面的拉·珀默雷耶公路相连，直至机动车无法通行的地点。在上述两者间，呈带状分布的独立房屋被放置在住宅区内以及具有网格结构的步行道两侧。该区内仅有部分道路可供机动车使用，而其余部分则主要为非机动车专用道及儿童活动区。受到双重约束的建筑物朝向利于住宅的充分采光，并参考了当地的盛行风问题。对上述两个因素予以考量可以更加轻松地打造出低能耗建筑，即耗能低于50千瓦/（平方米×年）。

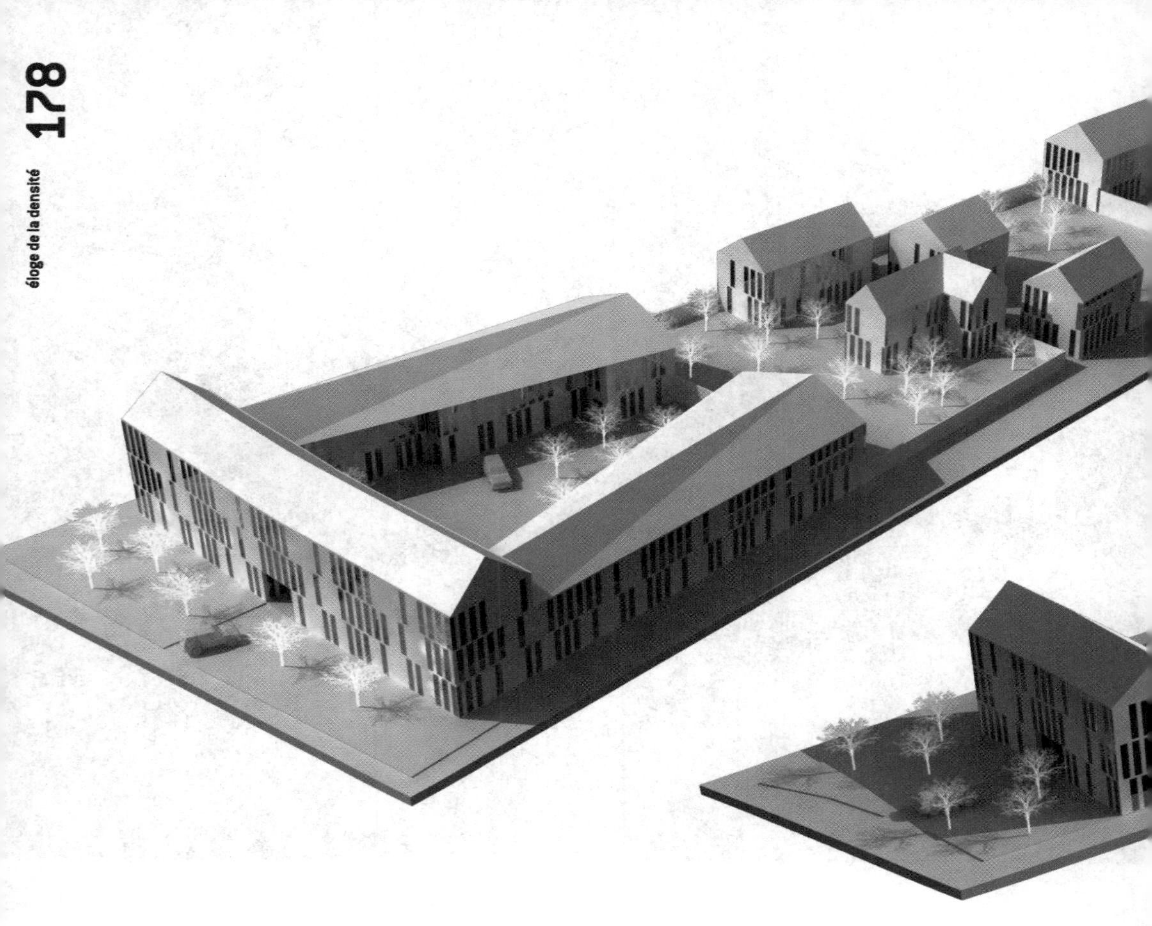

Parallèlement, l'implantation du bâti privilégie la continuité par rapport à la structure bâtie déjà en place. En face des maisons individuelles existantes, des pavillons construits sur des parcelles de petites tailles (deux fois plus petites en moyenne que celles des maisons existantes) sont essaimés le long d'une nouvelle voie. Plus au sud, deux bandes de maisons accolées viennent prolonger deux bandes de maisons individuelles.
Cet écovillage montre que l'on peut loger, sur un même territoire, quatre à cinq fois plus de ménages que ne le faisaient les lotissements conçus dans les années soixante-dix, tout en ayant des logements consommant cinq fois moins. Ce type de « rurbanisme » a aussi le grand mérite de conserver une identité paysagère et rurale forte et d'offrir aux habitants la qualité de vie qu'ils recherchaient en venant s'établir à la campagne.

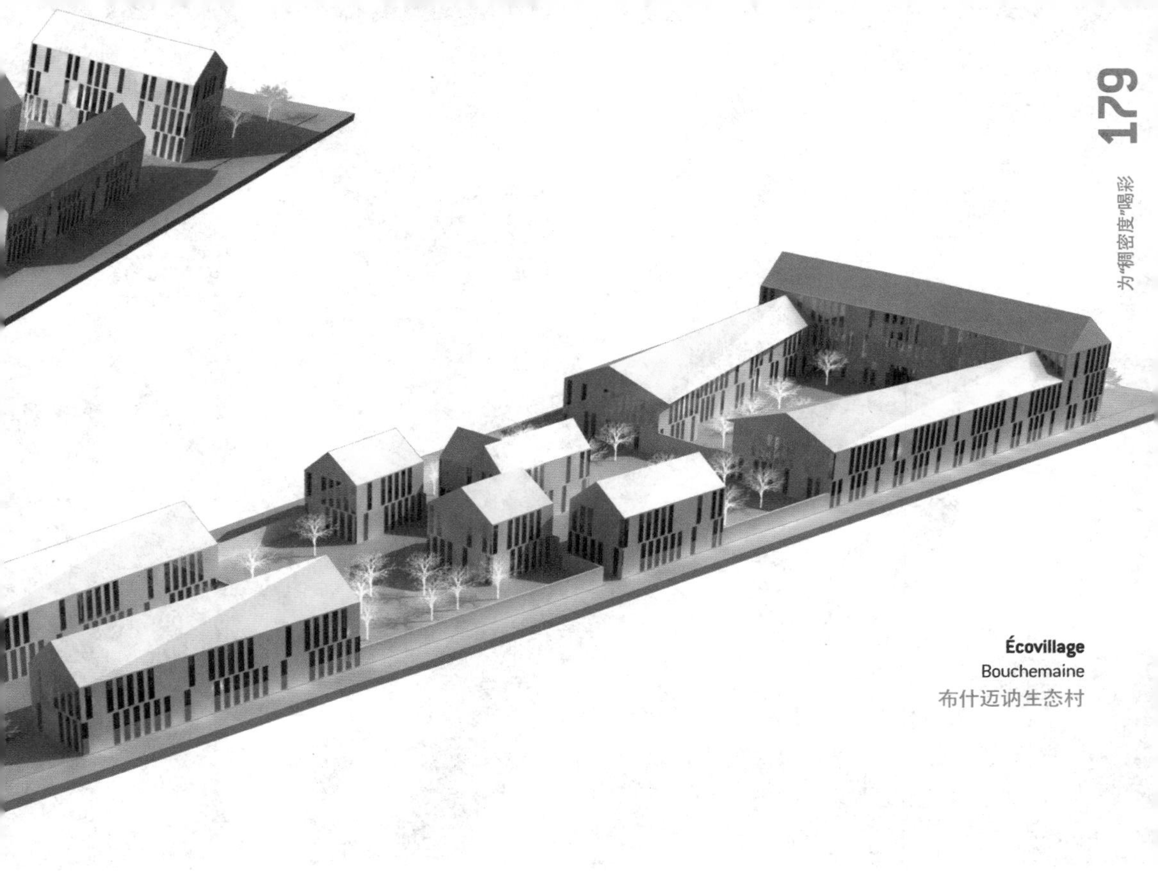

Écovillage
Bouchemaine
布什迈讷生态村

与此同时，我们强调新建筑的布局应与已有建筑的结构趋于一致。因而，建造在小规模地块上（与独栋别墅所占面积相比平均缩小一倍）的独立房屋与现有的独栋别墅面面相对，并被分置在新建道路两旁。在南面较远处，两排连体屋还可将（两条）独栋别墅带双向延长。
该生态村项目证明，与20世纪70年代分批建造的住宅相比，同样的面积可增容住户四至五倍，更可提供节能80%的住宅。此类"城郊化"方案还能够显著保护当地独有的景色与浓郁的乡土气息，并为居民提供他们梦寐以求的乡村生活。

Aménagement du quartier Malepère
Toulouse
马尔贝尔区改造，
图卢兹

Périphérie

Le même principe de densification, plus fortement affirmé, a été mis en œuvre pour le projet de **quartier de Malepère** (15 000 habitants à terme), au sud-est de Toulouse (France, 2008), qui constitue actuellement une dent creuse entre le nord du quartier Montaudran-Lespinet et la commune de Saint-Orens, secteurs pavillonnaires parsemés de friches agricoles.
Dans une agglomération particulièrement touchée par l'étalement urbain et le développement de lotissements souvent hermétiques au tissu environnant, il était important de proposer une alternative à ce type d'urbanisation qui aille dans le sens d'une densité plus importante d'habitations, d'une meilleure porosité viaire, tout en conservant la qualité de vie afférente à la présence d'espaces verts et boisés.
Notre stratégie repose sur l'implantation de bâtiments collectifs en R+7[3] en moyenne (de R+9 à R+5) proposant une majorité de grands logements (les deux tiers des 7 000 logements sont des T3 ou des T4), qui viennent s'organiser selon un plan inspiré des bastides occitanes. Trois des éléments fondamentaux des bastides ont été retenus : la trame orthogonale, la centralité de la place vers laquelle convergent les routes principales, le chemin de ronde où se trouvent les jardins potagers des villageois aussi appelés cazals.

3 Rez-de-chaussée + 7 étages.

市郊

如出一辙的密集型设计理念在马尔贝尔区（居民15000名）改造项目中（法国，2008）得到了更为充分的体现。如今，这一位于图卢兹东南部的区域好似一颗“蛀牙”，横插在蒙托德朗-莱斯皮内区北部与满是荒地的居民区一圣-奥朗斯镇之间。

该建成区不仅深受城市蔓生现象的影响，还特别受到了住宅区扩张的波及。不仅如此，这里的某些住宅更是对环境问题置若罔闻。因而，重要的是如何为此类城市化模式寻找替代方案，以达到发展高密度住宅，改善通勤状况，并依靠林地与绿色空间维持原有的生活质量的目标。

我们的策略是以建造公寓群为基础，每栋公寓平均层高为8层[3]（从10层至6层不等），其中多数可提供大户型住宅（7000套住宅中的三分之二为三室或四室）。作为上述设计的灵感来源，我们将法国西南城郭的三大建造要素予以保留：正交网络；向广场中心汇聚的各条主干道；可通往菜园的环形道路，而这些菜园则属于被称作“卡加尔”的当地村民。

3 底层+7层

Aménagement de la péninsule de Yuzhong
Chongqing
重庆市渝中半岛规划计划

Ces éléments sont combinés avec le tracé viaire et les espaces boisés existants pour former un quartier à forte mixité sociale (50 % des logements sont destinés à l'accession et 30 % au logement social) réparti en trois micro-centralités : la place du marché, la place des écoles et la place des artisans/commerces. Le quartier concilie ainsi histoire régionale et besoins contemporains, entre rigueur fonctionnelle et urbanisme vernaculaire. Le cadre verdoyant des lieux est augmenté et rendu plus cohérent, notamment par l'affirmation d'une coulée verte zigzagant d'ouest en est qui vient s'appuyer sur une voie secondaire. Actuellement traversé par deux routes seulement, le nouveau quartier sera irrigué par un bouquet de voies hiérarchisées, dont les chemins de ronde constituent la déclinaison la plus bucolique.

Élément de délimitation, le chemin de ronde assure la liaison et la continuité entre les différentes micro-centralités du quartier. Il a par ailleurs un rôle important de gestion des eaux pluviales tout en offrant un espace de contact et de loisirs à l'usage de tous.

À une tout autre échelle, le projet d'**aménagement de la péninsule de Yuzhong** (Chongqing, Chine, 2002), reprend la logique d'innervation du tissu urbain par un réseau de coulées vertes. Le motif de la feuille et de ses nervures, reproduit ici à l'échelle de la péninsule, s'inscrit dans le relief du site et permet une lecture directe du paysage mettant en relation fleuves et montagnes.

为了打造一处社会混合程度较高的社区（其中*50%*为业主自住房，*30%*为保障型住房），这些元素将与街道的现有格局以及林木空间相互结合，并以集市广场、校区广场与手工业/商业广场这三处小型中心为规划原点。就这样，该社区将现代与传统，将功能的严谨性与当地的城市布局融合在了一起。

尤其得益于依支路而建、自西向东绵延的锯齿形绿化带，这里的环境显得愈发葱茏与和谐。目前，该新区仅有两条主路贯穿其间，却有若干支路四散分开，而当中的环形路更使这里散发着无与伦比的田园风情。

作为新区的外围地带，该环路可为区内不同的中心建立牢固的联系与延续性。此外，它所扮演的另一重要角色是对雨水进行管理以及为当地居民提供社交与休闲的空间。

与之相比，在规模迥异的重庆市渝中半岛规划计划中（中国重庆，*2002*），我们借用呈网状分布的绿色长廊重新思忖这座城市的肌理组织，而对其规模以及当地地貌的参考则使我们成功重现了形似叶片的渝中半岛的缕缕叶脉。与此同时，我们还将山水连成一脉，使这里的景致一览无余。

Aménagement urbain du quartier Parc Marianne
Montpellier
玛丽亚娜公园区城市化改造，
蒙彼利埃

Continuons *crescendo* en termes de densité bâtie pour évoquer le projet de l'aménagement urbain du **quartier Parc Marianne** à Montpellier (France, 2003, livraison 2010). Comme Toulouse, mais dans une bien moindre mesure, la ville a été victime de l'étalement urbain, notamment entre 1975 et la fin des années quatre-vingt-dix. Les efforts de densification engagés par la ville, en particulier grâce à un urbanisme de ZAC denses, commencent à payer depuis une dizaine d'années.
La nouvelle ZAC s'inscrit dans cette logique et poursuit le remplissage du puzzle déjà entamé par la ville. Elle rééquilibre l'urbanisation vers la mer (sud-est), et vient prendre place sur des terrains occupés par quelques maisons individuelles et des friches agricoles. Le quartier, accessible en tramway, est conçu autour d'un parc boisé de 8 hectares que traverse la Lironde. Le parc Marianne est un lieu de détente et de contemplation qui remplit également une fonction de régulation hydraulique lors des inondations fréquentes dans la région. Il profite de la proximité du centre-ville actuel et de la dynamique engendrée par le projet de la future Mairie et les différentes zones d'aménagement (jardins de la Lironde, odysseum, ZAC Consul de mer, ZAC Richter, ZAC Jacques-Cœur, ZAC Hippocrate).
Le projet se déploie le long de grands axes d'immeubles en R+7 en moyenne, qui se prolongent vers le parc selon un système de bâti en dent de peigne. Plus on pénètre vers le parc, plus la hauteur des édifices diminue, jusqu'à

在位于蒙彼利埃的玛丽亚娜公园区城市化改造项目中（法国，2003,2010年交付使用），我们仍旧沿用了"密集"的理念。虽然规模要比图卢兹小得多，但蒙彼利埃同样成为了城市扩张问题的受害者，特别是在1975年至（20世纪）90年代末。然而，当地政府为此所做出的努力在近十年来开始渐显成效，这尤其要归功于密集型商定发展区（ZAC）的建立。
这一新型的商定发展区恰恰体现了上述理念，追求逐步填充这块已由当地政府展开了的"城市拼图"。为求城市拓展的平衡性，该发展区将朝大海的方向渐渐延伸（东南），并选择了几处零散建有独栋别墅与休耕农田的土地。该发展区临近有轨电车站，并环抱着8公顷的森林公园，更有利隆德河横穿而过。玛丽亚娜公园既是舒缓身心的场所，又可在该地区濒发水患时起到控制流量的作用。它与现在的市中心比邻且充满活力，而这应归功于未来的市政项目以及其他的城市改造工程（利隆德公园、奥德塞区、*Consul de mer*商定发展区、李希特商定发展区、*Jacques-Cœur*商定发展区、西波克拉底商定发展区）。
该方案中的建筑物呈梳齿状排列，平均层高为8层，并沿着伸向公园的主轴线逐步展开。越是靠近公园的地方，建筑物的高度便会越低，其中最低矮的则是环绕着中央草地的6层"桩基式"建筑。该复合型建筑群采用开放式小区的设计原理，旨在提供多条可随意出入中央公园或车行道的路径。此外，一条南北向的

Aménagement urbain du quartier Parc Marianne
Montpellier
玛丽亚娜公园区城市化改造，
蒙彼利埃

atteindre le R+5 pour les immeubles « plot » qui bordent la grande prairie. L'ensemble fonctionne selon le principe de l'îlot ouvert afin de ménager des parcours variés et rapidement accessibles vers le parc central ou la chaussée. Une faille végétale nord-sud traverse le parc central et se poursuit au nord en arborescence jusqu'à l'avenue du Président-Pierre-Mendès-France et court en serpentant au-delà de l'autoroute A9. La très grande majorité des appartements a une vue sur le parc central. Dans l'ensemble du quartier, les alignements, les essences, les couleurs et les hauteurs des végétaux se mélangent puis s'organisent progressivement pour s'aligner parfaitement le long des avenues. La nature semble ainsi s'échapper du parc pour être progressivement domestiquée par la ville.
Les deux immeubles que nous avons conçus[4] (Park avenue, Montpellier, France, livraison 2010), de 16 logements chacun, sont installés en bordure de la prairie, à proximité du futur musée d'Art contemporain. Ils sont reliés en sous-sol par un parking commun.
Les logements offrent un balcon continu en retrait aux niveaux R+1 et R+5 et de larges terrasses aux autres niveaux. La façade sud est protégée du soleil par une structure filtrante (pré-façade) munie de brise-soleil qui se retournent en toiture pour assurer un effet parasol/pergola. La bonne isolation par l'extérieur de la façade permet un rafraîchissement et un chauffage individuel réversible réglable et programmable pièce par pièce.

4 Ils ont reçu en 2009 le Trophée Habitat Bleu Ciel d'EDF récompensant des projets exemplaires écologiquement.

植物带在贯穿中央公园后继续呈树枝状北向延伸，直至*Président-Pierre-Mendès-France*大街，而随后还会再*A9*高速公路上方蜿蜒远去。在绝大部分的建筑物里均可眺望到中央公园。在该区内，排列成行的建筑、多样的生物种群、斑斓的色彩、高度各异的植被与树木相互结合，组织有序，从而与周边的街道完美契合。因此，自然的气息仿佛逃脱了公园的束缚，渐渐为城市所有。

我们所设计的两幢*16*户住宅楼[4]（公园大道，法国蒙彼利埃，*2010*年交付使用）位于中央草地的边缘，距离未来的当代艺术博物馆仅咫尺之遥，并有地下停车场相连。

位于楼内*2*层及*6*层的住宅均设有嵌入式连体阳台，而其余各层则为宽阔的悬挑式阳台。该建筑物的南立面可依靠配有遮阳板的过滤结构（投影立面）进行避光。那些位于屋顶处的遮阳板可随意翻转，从而达到阳伞/凉棚的效果。外立面良好的绝缘功能不仅可以为室内降温，还适于家家户户统一安装可逆、可调型独立供暖设备。

4 它们于*2009*获得了法国电力公司颁发的"蓝天住宅大奖"。该奖项用于表彰在生态领域内具有杰出贡献的代表性方案。

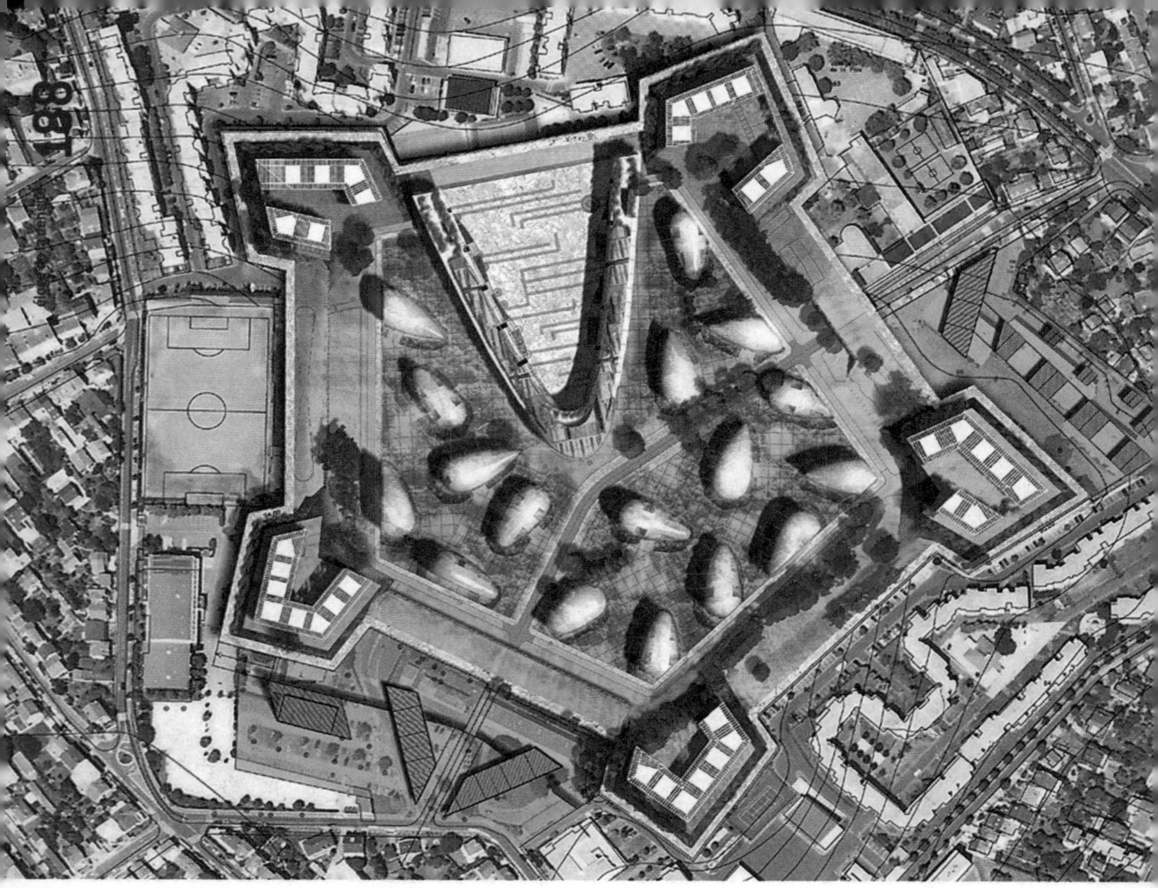

Écoquartier du Fort numérique
Issy-les-Moulineaux
“数码要塞”智能化住宅区，伊西-莱-穆利诺

Reconstruire la ville sur la ville

Pour l'**écoquartier du Fort numérique** d'Issy-les-Moulineaux (France, 2000), nous avons privilégié le modèle du parc habité plutôt que celui du parc central. Situé à quelques encablures de Paris, en surplomb de la capitale qu'il avait pour mission de défendre, le fort d'Issy-les-Moulineaux est entouré d'un tissu urbain pavillonnaire ponctué çà et là de petits immeubles collectifs.

Doté de technologies de communication très haut débit, le Fort numérique comprend un ensemble de programmes (logement, bureaux, commerces) et d'équipements divers (Villa du développement durable, crèche, école primaire, collège, boulodrome, aires de jeux, lieu de mémoire du fort, salles d'activités, etc.). Il est ceint d'une promenade verte – qui profite également au voisinage immédiat – appelée le Jardin des courtines, courrant entre chacun des cinq bastions postés aux coins de sa forme pentagonale. Au centre, de petits immeubles d'habitation aux formes galbées sont disséminés de manière à éviter au maximum les vis-à-vis. Les trois typologies architecturales utilisées (bastions en U, immeuble boomerang et immeubles galbés) valorisent le lieu et la géométrie du fort et introduisent une diversité de bâti. L'implantation des bâtiments permet par ailleurs au nouveau quartier de s'ouvrir généreusement sur le Val-de-Seine, Paris et La Défense grâce à une large place belvédère.

城内建城

对于伊西-莱-穆利诺的"数码要塞"智能化住宅区项目而言(法国，2000)，我们更倾向于采用住宅公园的设计模式，而非中央公园的概念。与巴黎近在咫尺的伊西-莱-穆利诺堡垒俯视并保卫着这座政经中心。堡垒被大量的市郊别墅团团包围，其间还夹杂着少量的小型建筑群。

这座拥有高速通信技术的"数码要塞"涵盖各式建筑(住宅、办公楼以及商埠)与配套设施(遵循可持续发展理念的高档别墅、幼儿园、小学、中学、滚球游戏场、儿童活动区、堡垒展馆、游戏室，等等)。堡垒周围紧紧环绕着被称作"围墙"花园的绿色漫步场所。这些向邻区开放的花园分别与五处棱堡相连。在堡垒的中心位置，我们将若干幢呈弧线状分布的小楼分散开来，用以避免出现建筑物距离过近的问题。我们所选用的三大建筑类别("U"字形棱堡、回旋镖与弧线形住宅楼)衍生出了多种建筑形式，从而提升了该地区的价值以及堡垒的几何美感。另外，得益于该新区的建筑布局与观景台，我们还可以从这里遥望塞纳河谷、巴黎与拉·德芳斯。

Écoquartier du Fort numérique
Issy-les-Moulineaux
"数码要塞"智能化住宅区，
伊西-莱-穆利诺

Cette opération de 12 hectares est reliée au tissu urbain environnant par deux entrées (au nord et à l'est). Ces deux entrées sont elles-mêmes mises en connexion grâce à un mail le long duquel sont disposés des parkings (cycles et voitures) pour les visiteurs. Le cœur du projet, qui reçoit un traitement végétal soigné, est ainsi préservé de la circulation automobile pour permettre des mobilités douces réservées aux seuls usagers piétons et aux jeux des enfants.

La construction de l'ensemble s'inscrit dans une démarche d'éco-aménagement avec labellisation[5]. Les besoins en termes de chauffage et de production d'eau chaude sont assurés à 60 % minimum par de la géothermie profonde et des panneaux solaires thermiques et photovoltaïques. Grâce à des enveloppes très performantes, les consommations annuelles de chauffage devraient être limitées entre 50 à 60 kwh/m². Le stockage et la rétention des eaux de pluie permettront l'arrosage des espaces verts et limiteront les rejets dans le réseau urbain. Quant au ramassage des ordures ménagères, il se fera grâce à une collecte souterraine et automatisée par aspiration, évitant ainsi le passage bruyant mais aussi polluant des camions poubelle.

5 Il s'agit du label « Habitat et Environnement » (H&E) option THPE (très haute performance environnementale).

该工程的作业面积为12公顷，并依靠(位于东、北)两侧的入口与附近的城市环境融为一体，而将上述两处入口彼此连通的林荫大道周围还设有专供游客使用的停车场(自行车与轿车)。至于工程的核心地带，我们则利用绿色植物对其进行精细的处理，这不仅能够防止机动车辆的通行，还可为行人与儿童提供专属的活动空间。

该项目的整体建造过程遵循生态化改造与绿色标识[5]的理念。在采暖与热水供应方面，深层地热、太阳能集热板与光伏太阳能电池至少可以承担60%的用量。得益于高性能的表层，建筑物的全年热能消耗量可被控制在50至60千瓦/平方米。雨水储存与滞留系统可用于浇灌绿化带，同时减小城市的雨水流量。至于对生活垃圾的处理，我们则采用地下真空收集系统，从而避免了垃圾回收车所带来的污染与噪声。

5 属于高环境质量标准(THPE)中的“居住与环境”类标识(H&E)。

Aménagement du centre-ville
Tirana
中心规划,
地拉那市

Notre projet de réaménagement du **centre-ville de Tirana** (Albanie, 2003) est d'une autre échelle urbaine. Il vise à redonner une cohérence urbaine à la capitale de l'Albanie qui a connu depuis la chute du régime communiste d'énormes chambardements. Le premier est d'ordre démographique. Jusqu'en 1990, la ville ne comptait que 250 000 habitants, contre près d'un million aujourd'hui, selon certaines études. Et encore ce mouvement n'en est-il qu'à ses débuts. L'agglomération de Tirana devrait voir doubler sa population d'ici dix à quinze ans.
Cette explosion urbaine a eu déjà pour conséquence une construction massive et incontrôlée, entraînant une disparition des espaces verts urbains. Au niveau de l'agglomération, le mitage des espaces périurbains s'est développé.
Parallèlement, la forte augmentation du nombre d'habitant a d'ores et déjà entraîné un accroissement exponentiel du nombre de véhicules qui dépasse désormais la centaine de milliers. Avec un réseau viaire inadapté au trafic, la ville subit des embouteillages et une pollution parmi les plus importantes au monde. Selon les experts, chaque habitant respire jusqu'à 40 kg de poussières par an.
Les enjeux de ce vaste réaménagement sont donc multiples : structuration et embellissement des espaces publics (par la création de promenades plantés, de jardins, et d'espace piétons), amélioration de l'habitat,

地拉那市中心规划(阿尔巴尼亚, *2003*) 是我们的又一项大规模城建方案。自该国政权垮台以来, 地拉那便陷入了巨大的社会动荡之中, 而该方案的目的正在于重新赋予这座阿尔巴尼亚的首府城市协调有序的城市结构。在本项目中, 人口问题是我们所遭遇到的首要难题。相关研究显示, 这座城市的居民数量在*1990*年时为*25*万, 而如今已近百万。可是, 这样的变化也仅仅是个开始。我们可以预见, 在未来的十至十五年内, 地拉那的人口总数可能还会增长一倍。

城市的极度膨胀催生了难以控制的大规模建造活动, 结果导致了绿色空间几乎消失殆尽, 城郊地区被慢慢侵蚀。

与此同时, 人口数字的攀升还造成了机动车数量持续而快速的增长, 如今已逾十万。遭受交通拥堵问题的地拉那已成为了全球污染最为严重的地区之一。据专家估算, 当地居民每年要吸入*40*公斤粉尘。

因此, 这一规模庞大的改造方案将会在多方面遭遇挑战: (利用植物长廊、花园与漫步区) 实现公共空间的结构化与美化, 改善住宅的质量, 推动道路系统的现代化进程, 完善适宜型公交网络与地下停车场有关的政策, 预估城市未来的发展方向, 等等。

Aménagement du centre-ville
Tirana
中心规划,
地拉那市

développement et modernisation du réseau viaire, développement d'une politique de transports publics adaptée, de parkings en sous-sol, anticipation des développements futurs de la ville.
Notre proposition s'appuie sur la requalification de l'axe principal nord-sud, courant le long des boulevards Deshmoret E Kombit et Zogu I et traversant la rivière Lana au sud. Cet axe, qui part de la colline boisée au sud et conduit vers la campagne qui s'ouvre au nord, au-delà de la gare, parcourt différents types de bâti. L'idée générale de ce projet est de respecter les caractères urbains de chacun des quartiers traversés tout en améliorant leur cohérence.
Au sud, près de l'université, nous conservons le caractère de cité-jardin à faible densité bâtie tout en renforçant la présence végétale déjà entamée par la ville autour des berges de la rivière Lana. À partir de la place Skenderbej puis vers le nord de la ville, la matière urbaine se fait plus dense et peut donc accueillir une hauteur de bâti plus importante. La place Skenderbej est dotée de commerces jusqu'ici inexistants de façon à renforcer l'attractivité de ce pôle jusqu'alors consacré à la culture. Les abords des édifices de l'ère soviétique sont retravaillés pour créer des parcours piétons plus adaptés et générer ainsi une nouvelle ambiance urbaine plus propice à cette nouvelle mixité fonctionnelle.

我们建议重新明确南北主轴的作用。该主轴将以*Deshmoret E Kombit*与*Zogu I*两条大道为基准，直至穿过南部的拉纳河。它起始于南面的林丘，并由火车站上方逐渐延伸至北面的乡村地带，其间还会经过不同类型的建筑。该方案的主导思想是尊重每一块沿线区域的城镇特色，并加强它们之间的协调程度。

在南面临近大学的地方，我们保留了低密度花园城市的特征，尝试增加拉纳河畔及其周边地区的绿化面积，而当地政府已在此前启动了本项工作。自斯坎德培广场至城北的城市布局将显得相对稠密，可建造较高层的建筑。为了加强了该中心的吸引力，斯坎德培广场上还出现了过去难得一见的大小商埠，而这里迄今为止仍旧是一处文化场所。在处理苏联时期所遗留的建筑物时，我们对其邻近区域重新进行润色，以期创造出更加适宜的步行街道，孕育出更益于新型功能组合的城市氛围。

Aménagement du centre-ville
Tirana
中心规划,
地拉那市

De la place Skenderbej à la gare, la densité du bâti va croissante. Des tours viennent s'ajouter à celles existantes pour créer le nouveau *skyline* de Tirana. Dans les rues alentour, des règles de construction, tenant compte de l'existant, viennent donner une cohérence au bâti, en prenant soin de conserver ou de ménager des percées visuelles et piétonnes à travers les îlots. Leur rôle est également de maîtriser les rapports des masses bâties pour un bon accès à la lumière. Les bâtiments historiques et les bâtiments récents de bonne facture sont conservés. Les autres seront renouvelés progressivement. Cette méthode permet d'assurer le relogement des habitants. De nouvelles voies sont réalisées en priorité, définissant ainsi de nouveaux îlots. Là aussi, un effort de végétalisation est encouragé, en particulier dans les cœurs d'îlot.
La végétation est également augmentée le long de l'axe et devrait, même modestement, participer à l'amélioration de la qualité de l'air de la ville. Visuellement, les boulevards deviennent un corridor vert, ponctué de fontaines, courant du nord au sud. À partir du boulevard Zogu I jusqu'à la gare, la densité est comparable avec celle d'une ville européenne. Au-delà, un quartier relativement dense est amené à se développer autour de rues structurantes.
La requalification de cet axe n'oublie pas le confort visuel en offrant une nouvelle approche des paysages lointains et proches. Le réseau routier est

斯坎德培广场与列车站之间的建筑密度将会呈递增之势，而超高层楼宇也会加入现有建筑的行列，旨在勾画出地拉那不同以往的天空美景。在设计与之比邻的街道时，我们根据实际情况而制定的建筑规范能够赋予各建筑物和谐统一的效果，并且我们用心保留或创造建筑群内的视野与人行通道。为了方便采光，它们还扮演着控制楼体间距的角色。历史性建筑与比例协调的新建建筑将会被保留，而其他建筑则会被逐一取替，从而解决居民的安置问题。我们优先考虑利用道路的拓展来划定新建筑群的位置。不仅如此，我们还强调绿色的景观设计，特别是在建筑群的核心区域内。

植被覆盖率将沿主轴方向逐步增加，即使有差强人意之处，但它们仍旧可以为改善城市空气质量做出贡献。从视觉上讲，一条条大道宛若点缀着喷泉的绿色回廊，由北至南贯穿整座城市。

自*Zogul*大道至列车站沿线地区的密集程度可与西欧城市相媲美。不仅如此，一处稠密型社区将依托呈网格状分布、具有结构功能的街道逐步发展起来。

在重新确立该主轴的功能时，我们没有忘记应给予人们视觉上的愉悦，并提供观赏远景近物的全新方式。至于这里的道路系统，我们在对其进行深层重组的同时还会以高效率、低污染的渠化交通系统作为补充。一条由电车与火车共享的轨道交通线路可通达全城，无论是列车站，还是大学。由列车站出发的

Aménagement du centre-ville
Tirana
中心规划,
地拉那市

quant à lui profondément restructuré et complété par un système de transports en site propre plus efficace et moins polluant. Une ligne de tram-train est installée, assurant une desserte efficace de la ville, de l'université à la gare. À partir de la gare, le tram roule à la vitesse d'un train et permet de desservir rapidement Durres et l'aéroport.
La gare constitue un point névralgique. Elle est le centre d'un réseau multimodal d'interconnexion entre le réseau ferroviaire, le réseau routier et le réseau de transports collectifs. Elle est pensée comme une porte de la ville au-delà de laquelle va se développer un nouveau parc qui prolongera l'axe nord-sud jusqu'au boulevard périphérique.

有轨电车能够达到火车的时速，从而可以迅速抵达都拉斯港与机场。

作为核心枢纽的列车站更集铁路、公路及公交系统功能于一身，构成了仿佛城市门户一般的多式联运网络。此外，一座即将开发的新公园将会延长南北向的主轴，直至环城大道。

une nouvelle ville

新城

Deh Sabz

une nouvelle ville pour Kaboul

喀布尔新城——德赫·萨卜兹

Les autorités afghanes ont longtemps hésité entre amélioration et reconstruction de la ville de Kaboul. Elles ont même paru débordées par la situation, incapables de savoir par quel bout prendre ce vaste chantier qu'était devenu leur capitale après trente ans de guerres civiles. Les rares opérations de reconstruction réalisées alors, trop ponctuelles, qui se sont doublées de constructions illégales ou para-légales, n'entraient dans aucune planification urbaine, et n'avaient donc que peu d'efficacité.
En 2003, une vaste réflexion, soutenue par l'aide internationale, est lancée pour définir une stratégie. Plusieurs thèses s'affrontent. Faut-il, en arguant de l'urgence, préconiser une réhabilitation des équipements urbains et des édifices endommagés, commencer par construire les réseaux techniques qui demeurent inexistants ou presque, ou bien bâtir une nouvelle ville moderne sur un site voisin ?
La reconstruction de la ville sur elle-même, solution généralement préconisée pour les villes historiques, car plus durable, apparaît inenvisageable en raison de problèmes techniques mais aussi des quantités de temps et d'argent phénoménales qu'il faudrait investir. De plus, une telle entreprise nécessiterait de nombreuses expropriations rendues difficiles, voire impossibles à cause de la destruction des registres cadastraux par les Talibans, mais aussi de la corruption de certains agents publics.
En 2006, une étude de la Japan International Cooperation Agency (JICA) établit que la construction d'une nouvelle ville est une solution pragmatique et efficace pour offrir un avenir à Kaboul. Elle finit de convaincre le gouvernement d'opter pour la construction d'une nouvelle ville au nord-est de Kaboul, à 10 km de la ville historique, sur un plateau de 40 000 hectares. A l'issue d'une consultation internationale, nous sommes choisis pour tenir ce pari.

长期以来,阿富汗政府在喀布尔市的改造与重建问题上始终摇摆不定,在现实面前,他们甚至显得一筹莫展,不知道从哪里入手去处理这座饱受三十年内战洗礼、如今已成该国首府的广袤土地。不仅如此,过于零星而松散的重建工作还导致了毫无规划可言、利用率极其低下的半合法与非法建筑成倍增长。
*2003*年,在国际社会的支持下,人们开始进行广泛思考,旨在明确相关的重建策略。然而,这其中却出现了若干相左的意见:当务之急是修复城市设施与损毁建筑,还是优先选择建立技术网络,或者在临近区域建造一座现代化新城?
就城市重建本身而言,更具持久性的历史城市往往是最佳的实施对象。然而在这里,由于技术问题以及时间、金钱上的巨大投入,重建计划似乎难以实现。另外,如此庞大的工程还会遭遇随大量征用土地而来的种种困扰,甚至是因为塔利班对地籍簿的破坏以及某些官员的贪腐行为而前功尽弃。
*2006*年,日本国际协力事业团*(JICA)*明确表示,为了创造喀布尔的明天,建立一座新城不失为一个行之有效的解决办法。该协会最终说服当地政府选择在喀布尔东北部建造一座距这处历史名城*10*公里、占地面积达*40000*公顷的新城。经过磋商,国际社会最终决定由我们来完成此项艰巨的任务。

HERAT
KABOUL
QANDAHAR
500 Km

Selon le gouvernement celle nouvelle ville, baptisée Deh Sabz – qui est en fait le nom du site – peut être financée par la vente des terrains du site qui appartiennent en majorité au ministère de l'Agriculture. Les objectifs sont multiples. Il s'agit de pourvoir Kaboul et la nouvelle ville en quantité d'eau suffisante, de reconstruire la ville historique, d'insuffler la dynamique économique nécessaire à la transformation de l'économie nationale, et de développer les institutions sociales, éducatives et de santé qui font cruellement défaut à l'Afghanistan. Une partie de l'argent obtenu par la vente des terrains devra également financer le développement des infrastructures ainsi que la construction de logements populaires et de leurs équipements.

La logique qui prédomine ici est celle d'une opération tiroir de façon à réduire la pression démographique pesant sur Kaboul qui végète, asphyxiée par une population bien supérieure à ce que les infrastructures de la ville peuvent accepter. La construction de l'ensemble de ces équipements doit fournir du travail à des centaines de milliers de personnes, pour la plupart de jeunes hommes sans

在为这座新城命名时，当地政府选择了该地区的名称——德赫·萨卜兹。城建资金将通过土地售卖来筹集，而这些土地大部分由该国农业部管理。本方案需要达成的多项目标包括为喀布尔及新城提供足够的用水，对这座历史之城进行重建，为该国经济的转变注入活力，发展社会与教育系统以及阿富汗严重匮乏的医疗机构，等等。另外，土地销售所获得的部分钱款还将用于发展当地的基建系统，兴建保障性住房与配套设施。

本项目的主导思想涉及如何进行城市的重置工作，借此缓解孱弱的喀布尔所背负的人口压力。由于当地居民的数量远远超出了城市基建网络可承受的范围，这使得喀布尔难堪重负。因此，所有相关设施的建造必须能够满足数十万人的工作需求，而其中大部分是缺乏专项技能的年轻人。此外，在未来十年的建造过程中，这些设施还要为各行各业创造两百余万个就业机会。政治家与经济学家均认识到，这座新城不仅有助于体现阿富汗的国家身份，促进民族统一，还可以重新构建因连年战乱而变得风雨飘摇的社会根基。

qualification, et devrait, au cours de la période de construction de dix ans, créer plus de deux millions d'emplois toutes catégories professionnelles confondues. Les politiques et les économistes reconnaissent à cette nouvelle ville la vertu de participer à l'identité et à l'unité de la nation afghane, et de contribuer à réorganiser une société déstabilisée par des années de guerre.

Avec ce projet, le gouvernement afghan affirme sa volonté de retrouver un rôle géostratégique entre le Pakistan, la Chine et l'Iran, et de refaire de Kaboul le carrefour de l'Asie centrale qui a fait, jadis, sa renommée et sa richesse. Deh Sabz est pensée pour symboliser matériellement la transformation de l'Afghanistan. Elle doit démontrer que désormais les décennies de conflits et d'isolement appartiennent au passé et que le pays s'engage dans une politique de développement pacifiée. À l'instar de Brasilia pour le Brésil, Deh Sabz doit incarner dans la psyché nationale la mutation de l'Afghanistan, son unité, et son entrée dans le monde moderne.

通过该项目的启动,阿富汗渴望重新成为巴基斯坦、中国与伊朗三国间的战略要地,并重树喀布尔作为中亚十字路口的地位。曾几何时,这里也曾是美誉远扬的富庶之地。毫无疑问,德赫·萨卜兹代表着前进中的阿富汗,展示着数十年来的武装冲突与孤立状态已成过去,表明了该国坚持和平发展之路的决心。以巴西首都巴西利亚作为范本的德赫·萨卜兹象征着变迁中的阿富汗所保有的国民精神,象征着国家的统一以及重返世界舞台的脚步。

En raison de son échelle et des enjeux politiques et sociaux qu'il embrasse, le projet de Deh Sabz est au sens propre du mot un projet extraordinaire. Sa particularité est de partir de la page blanche. Le site défini par les autorités est quasiment vierge de toutes installations humaines et agricoles, hormis sur quelques parcelles. Cette chance considérable permet d'intervenir sur tous les domaines en amont sans être gêné par un état de fait, ce qui se révèle déterminant pour la démarche durable que nous avons proposée.

En même temps, Deh Sabz est aussi un projet qui interroge la question métropolitaine, commune à de nombreuses villes de par le monde que ce soit Paris ou Hanoï. Il permet d'avancer dans la réflexion sur les niveaux et la répartition des compétences des autorités en charge de sa réalisation et des priorités que toute agglomération urbaine doit traiter. De ce point de vue, le travail de réflexion engagé ici a aussi une valeur d'exemple.

考虑到工程的规模以及当地的政治与社会环境,德赫·萨卜兹项目可谓非同一般,它的与众不同之处便在于这里犹如一页白纸。除某些局部以外,由当地政府划定的待建区域几乎不存在任何人类活动与农业设施。因此,我们获得了先期参与整体区域规划的良机,免受任何干扰,而这也成为了我们遵循可持续发展理念的决定性因素。

与此同时,德赫·萨卜兹项目还对全球多个城市所遭遇的问题提出了质疑,例如巴黎与河内。这使得我们能够由浅入深地去思考负责工程实施的行政当局所具有的权限级别与权限划分,了解各大城市必须优先处理的种种问题。因此我们对这里的分析工作还具有一定的参考价值。

Site de la nouvelle ville extrémité sud
位于最南端的新城址

Pour réaliser cette étude, nous nous sommes adjoints les compétences de spécialistes du développement urbain. Le cabinet Franor nous a aidés à mieux connaître la société et la culture afghanes et nous a apporté son expérience considérable en matière juridique, de programmation et de stratégies d'entreprise. Partenaires Développement, filiale du groupe Setec, avec qui nous avions déjà travaillé sur le développement du centre-ville de Beyrouth, a pris en charge la réflexion sur l'ingénierie et la planification urbaine. La maîtrise de la ressource eau a été assurée par Composante Urbaine, qui a travaillé sur un aménagement paysager durable, et Eaux de Paris, qui s'est occupé du traitement et du réseau d'installations techniques. Les énergéticiens de Deerns, l'un des plus grands bureaux d'études européens, présent aux Pays-Bas, en Allemagne et à Dubaï, ont développé un scénario énergétique rentable, prenant en considération les technologies respectueuses de l'environnement. Ils ont également travaillé sur l'aéroport international.
Le Centre d'études sur les réseaux, les transports, l'urbanisme et les constructions publiques (CERTU) à Lyon (France), les ethnologues Pierre Centlivres et Micheline Centlivres-Demont (Université de Neuchâtel, Suisse), les acousticiens d'A.V.A et Urbaniste du monde ont également largement contribué à notre réflexion.

为了展开上述研究，我们听取了众多城市发展专家的意见。*Franor*工作室在协助我们熟悉阿富汗社会与文化的同时还提供了他们在法律、程式设计与企业战略方面的丰富经验。曾在贝鲁特市中心发展规划项目中与我们携手合作、隶属*Setec*集团的*Partenaires Développement*公司本次负责城市规划与工程方面的工作，而水源管理则交由专注于可持续性景观美化领域的企业——*Composante Urbaine*以及水网技术与处理范畴的专家*Eaux de Paris*公司一并承担。全欧首屈一指的工程公司*Deerns*在荷兰、德国及迪拜均设有办事机构。他们的工作内容涉及有益能源方案的拓展以及相关环保技术的研发。与此同时，他们还参与了国际机场的建造。
位于里昂的法国交通网络、城市规划与公共建设研究中心(*CERTU*)以及皮埃尔·桑利维尔(*Pierre Centlivres*)与米舍丽娜·桑利维尔·德蒙(*Micheline Centlivres-Demont*，瑞士纳沙泰尔大学)两位人类学家，还有*A.V.A*的声学专家们也为此项研究做出了巨大的贡献。

Kaboul aujourd'hui

今日喀布尔

Peu urbanisé[1], l'Afghanistan connaît comme d'autres pays d'Asie une forte croissance démographique. Les projections du *Population Référence Bureau* estiment que d'ici 2025 la population pourrait atteindre 50 millions de personnes et les urbains représenter près de 40 % des Afghans. En 2050, le pays devrait avoisiner les 100 millions d'âmes.
Avec 15 % de croissance moyenne depuis 1999[2], Kaboul dépasserait des cités comme Dhaka, Lagos, Karachi ou Mumbai, affirme le gouvernement afghan qui en fait la ville à la croissance la plus rapide du monde. Quelle que soit la réalité de ce chiffre, le développement urbain anarchique de la capitale afghane a créé des conditions de vie difficiles pour la population qui a doublé depuis 2000, passant de 2 à plus de 4 millions d'habitants. Selon les chiffres disponibles, le périmètre actuel de l'agglomération de Kaboul abriterait près de la moitié de la population urbaine afghane. D'ici 2020, le gouvernement estime que la population va atteindre entre 6,2 et 6,7 millions d'habitants[3].

Cette inflation urbaine n'est pas spécifique à Kaboul. Elle s'inscrit dans un mouvement plus large d'urbanisation qui affecte principalement les villes du Sud de la planète, en particulier en Afrique est en Asie. À elles seules, elles absorberont l'essentiel de la croissance urbaine au cours des deux prochaines décennies, et compteront près de 4 milliards de citadins d'ici 2030, soit 80 % de la population urbaine mondiale, prédit l'ONU-Habitat. Alors que l'humanité vient à peine d'atteindre la barre des 50 % d'urbains, la terre pourrait compter d'ici 2030 près de 60 % de citadins[4].

L'extension fulgurante du domaine de la ville n'est pas sans poser de nombreux problèmes. Les rythmes de croissance que connaissent les zones urbaines du continent africain ou asiatique vont au-delà de toute planification, quand elle existe. Même un pouvoir fort ne suffit plus à contrôler le développement urbain. Les autorités d'Hô Chi

1 Moins d'un quart des 32 millions d'Afghans vivent en ville.
2 Ce chiffre est cité dans l'étude intitulée « The New City Project » (janvier 2007) émanant des services économiques du gouvernement afghan.
3 Source : The New City Project, gouvernement afghan.
4 Soit 5 milliards de personnes, selon L'état des villes dans le monde, révision 2006, Nations Unies, New York, 2007.

城市化水平极度低下[1]的阿富汗像其他亚洲国家一样，同样面临着人口暴增的问题。人口资料局预测，该国人口的数量将有可能在2025年增至5000万，其中本国人将占城市居民的40%。2050年，阿富汗人口总数将会接近1亿。
阿富汗政府表示，喀布尔自1999年以来的年均人口增长率为15%[2]，将超过达喀尔、拉各斯、卡拉奇及孟买，成为全球人口增长速度居首的城市。无论这一数字是否属实，阿富汗首府城市的混乱发展已使当地居民陷入了生活困顿的境地。自2000年以来，喀布尔的人口数量已从200万增至400万，增幅达到一倍。相关数据显示，阿富汗近一半的城市人口目前居住在喀布尔市郊。政府预估，该地区的人口总量将会在2020年达到620万至670万[3]。

然而，喀布尔并非城市膨胀的特例，更大规模的城市化运动还深深影响着南半球，尤其是亚洲及非洲的各大城市。联合国人类住区规划署(ONU-Habitat)预测，这些城市将在未来的二十年内成为城市扩张的重灾区，在2030年达到近40亿城市人口，占全球总数的80%。如今，城市人口的比例几乎达到了世界人口总量的50%，然而在2030年，这一数字将会接近60%[4]。

毋庸置疑，城市的极速扩张衍生出了众多问题。非洲及亚洲某些城市的现行规章已无法阻止城市蔓生的脚步，就连强权政府也不足以控制如此快速的发展速度，例如曾举办过市中心总规划方案竞标活动的胡志明市便深陷其中。这样的

1 3200万阿富汗人中近四分之一生活在城市中。
2 该数据出自阿富汗政府经济服务部的研究报告——“新城项目”(2007年1月)。
3 来源：“新城项目”，阿富汗政府。
4 即50亿人，出自联合国于2006年复审的“世界城市现状报告”，纽约，2007。

Minh-Ville, qui avaient lancé un concours sur le *master plan* du centre-ville, en ont fait l'expérience. Le résultat n'était même pas connu que la spéculation l'avait déjà précédé avec des immeubles construits sans aucunes contraintes réglementaires. C'est la même chose en Chine. Et la même chose à Kaboul où un morceau de ville entièrement programmée et financée par le privé vient de jaillir de terre au nord, sans aucune réglementation urbaine. La ville partout au sud s'emballe. Elle devance les urbanistes. Comme s'il semblait acté que le temps de l'édification des villes ne doit plus correspondre à celui de sa réflexion. Le temps de la conception ne prime plus. L'important est d'abord de construire, et peu importe comment.

La convergence massive des populations vers l'univers urbain va au-delà du phénomène d'exode rural et des simples flux migratoires. Les villes aspirent les hommes, agissent comme des aimants, et ne cessent de grossir. C'est à un véritable phénomène d'attraction gravitationnelle que nous assistons. La ville est plus que jamais la nature de l'homme, le lieu pour lequel il est fait. Grâce à la multiplication des lieux d'échanges, de sociabilité, d'épanouissement, et les activités économiques qu'elle génère, la ville apparaît comme l'espace des opportunités, l'espace où

结果甚至令那些肆意开发土地的房产商始料未及，而相同的情况也影响到了中国。在与之类似的喀布尔，一块完全由私人投资建造、毫无规划可言的工程地带刚刚出现在了该市的北方，而南方各地区也会步其后尘，将城市规划抛在身后，这好像说明城市建造已无须再花费时间思考，设计似乎变得微不足道，而重中之重则是建造，至于如何建造无关紧要。

大批人口涌向城市的现状不能简单地归结为农村人口的外流与迁移大潮。愈发臃肿的城市好似块块磁石，令人们趋之若鹜，这便是我们所看到的"引力现象"。作为人类生存之地的城市比以往更能反映出人类的本质。城市不仅处处充满机会，还孕育出了可供社交往来、给予人们满足感以及服务于经济活动的各类场所，从而使人类能够随心所欲地建立社会关系。所以，与乡村野外相比，城市的环境显得更为活跃，更加解放。虽然在健康及饮食方面，城市的生活条件有时远远落后于乡村，但它仍旧象征着某种自由。

l'espèce humaine peut espérer établir des relations sociales propres à son épanouissement. En cela, elle est plus subversive et émancipatrice que les territoires ruraux. Elle continue d'incarner une certaine liberté, même s'il est établi que parfois les conditions de vie en matière de santé et d'alimentation peuvent être bien en deçà de celles des campagnes.

Les infrastructures de la ville, en partie détruites, n'ont été prévues que pour 700 000 personnes dans le plan directeur établi en 1978 par les Soviétiques. Il en résulte une inadaptation totale de Kaboul à sa démographie actuelle. De plus, les services publics, largement désorganisés et très endommagés lors des multiples conflits, sont quasiment inopérants.
La capitale afghane manque de tout. D'eau potable, d'électricité, de systèmes sanitaires, de réseaux pour les eaux usées, etc. Ses habitants vivent dans une marée d'embouteillages polluants[5], circulant sur des voiries qui n'en ont que le nom. Les routes encombrées par la circulation, le bois et le plastique brûlés pour se chauffer faute d'électricité, nourrissent une importante pollution de l'air, tandis que les ordures qui s'entassent dans les rues polluent les sources.

5 Les Kaboulis utilisent souvent une essence de moindre qualité dont la combustion produit des émissions plus toxiques que le carburant vendu dans les pays occidentaux.

在苏联于1987年所制定的（喀布尔）总规划方案中，如今已遭部分损毁的城市基建设备本可满足70万人的需求。然而，与喀布尔目前的人口数量相比，这样的基础设施建设如同杯水车薪。此外，混乱不堪的公共服务系统还因冲突频发而屡遭破坏，几乎到了无药可救的地步。
无论是水、电，还是医疗系统与废水处理网络，这座阿富汗的首府城市在各个方面均显得异常贫乏。当地居民的生活常与污染严重的交通拥堵现象为伴[5]，而所谓的道路系统也几乎是名存实亡。除了寸步难行的公路以外，由于缺乏电力供应，人们只得选择木材与塑料制品生火取暖，从而导致空气的质量每况愈下。此外，街道两旁堆积如山的各类垃圾还会对地下水源造成侵害。居高不下的失业率始终有增无减，特别是在年轻人中，而这样的局面致使很多人衣食无着。

5 喀布尔人通常使用低质量汽油，与售往西方国家的碳氢燃料相比，其燃烧时所产生的气体更加有害。

Le chômage, déjà élevé, continue de croître, surtout chez les jeunes, laissant de nombreuses personnes sans ressources.
Depuis la grande sécheresse qui a touché le pays en 1999, les difficultés pour accéder à l'eau se sont développées. Beaucoup de ménages urbains n'ont d'autres solutions que de dépenser leurs maigres revenus pour s'approvisionner en eau. Ceux qui ne peuvent le faire utilisent des eaux polluées ou doivent parcourir chaque jour de grandes distances pour atteindre la pompe la plus proche. Quant aux réseaux d'égouts, ils sont quasiment inexistants, les eaux usées s'écoulant le plus souvent dans des caniveaux à ciel ouvert où les enfants se retrouvent pour jouer. Le réseau électrique est lui aussi fortement déficient. Les Kaboulis qui y ont accès devant jongler avec des coupures intempestives. C'est tout le scénario énergétique qui est à repenser.

La désorganisation de la ville est aussi due à un étalement urbain que l'administration n'a jamais vraiment tenté de stopper. Les zones qui devaient rester préservées dans le plan de 1978 ont été peu à peu grignotées par des auto-constructions et de l'habitat précaire. Ce type de construction déborde même sur les collines qui bordent la ville. Les terres périphériques agricoles sont elles aussi touchées et colonisées soit par occupation spontanée, voire illégale,

自1999年那场赤地千里的旱灾以来，阿富汗的缺水问题日益加剧。许多城市居民不得不将本就微薄的收入用来购买急需的饮用水，而那些力不从心的人却只能依靠遭受污染的水源为生，或者每日不辞劳苦地前去就近的机井取水。由于几乎不存在任何污水处理系统，这里的各类废水经常会被排入道路两侧的露天水沟内，而一旁便是嬉戏玩耍的孩子们。此外，这里的供电网络同样极度缺乏，即使是那些有电可用的喀布尔人也必须应付突如其来的断电现象。上述所有这些历历在目的能源问题均需要我们进行反复的思考。

城市组织无序的状况同样可归咎于行政当局从未对城市扩张进行明令禁止。在1978年的规划方案中，那些本应受到保护的地区渐渐被私造建筑与棚户区所侵蚀，此类建筑甚至蔓延到了城市周边的山岗上，而邻近的耕地或被临时占用，甚至是非法占用，或被私人开发商强行征购。时至今日，当地市政府虽然继续沿用着1978年的总规划方案，但他们

soit par pression d'aménageurs privés. L'administration urbaine, qui jusqu'à peu continuait de raisonner en fonction du plan de 1978, n'a rien pu maîtriser[6]. Cette ville de bidonvilles, où les réseaux essentiels et les services publics sont inexistants, abrite aujourd'hui près de 80 % de la population de kaboul. Si la croissance démographique, le retour des deux millions de réfugiés, et l'urbanisation incontrôlée continuent à ce rythme, les dysfonctionnements sociaux et politiques iront en empirant.

6 Cf. l'article de Béatrice Boyer, architecte et urbaniste, membre de l'institut associatif Urgence réhabilitation développement (URD), « Kaboul, début 2007, À mi parcours du processus de reconstruction », paru dans *Les Nouvelles d'Afghanistan*.

对这一变局已是束手无策[6]。这些贫民窟虽然极度缺乏生活基本设施与公共服务设施，却有将近*80%*的喀布尔人居住在这里。一旦人口数量持续增长，再加上*200*万难民重返家园以及无法对城市发展进行控制，那么这里的社会及政治情势将会进一步恶化。

6 参看建筑师、城市规划师、"紧急恢复发展"联合学会*(URD)*成员贝阿特丽丝·博耶*(Béatrice Boyer)*在阿富汗新闻报发表的文章—*«2007*年初，重逢途中的喀布*» (Kaboul, début 2007, à mi parcours du processus de reconstruction)*

La nécessité d'une ville durable

建造可持续城市的必要

Le développement durable est perçu comme l'apanage des pays riches. Il est vrai que pour l'instant, seuls les pays du Nord de l'Europe et le Japon se sont véritablement engagés dans la construction d'éco-quartiers et ont affiché comme objectif de bâtir des villes écologiques. D'autres États, comme l'Émirat d'Abou Dabi[7] ou la Chine[8], ont lancé des projets de villes vertes très médiatisés, davantage pour des raisons d'affichage, que par une réelle conversion aux principes du développement durable. Ils sont l'arbre qui cache la forêt d'insouciance de laquelle émerge la grande majorité de leurs constructions. Rappelons qu'entre 1996 et 2003, 5 % de la superficie totale de la Chine ont été urbanisés sans véritable maîtrise ni concertation ce qui a eu pour effet de faire baisser la densité et donc de favoriser l'étalement urbain. Il peut paraître ainsi aberrant de laisser faire à grand frais des villes en plein désert, zone inhospitalière par essence, quand des territoires plus propices à l'établissement humain existent par ailleurs.

7 Masdar city, dans l'Emirat d'Abu Dhabi, devrait être une ville sans émission de carbone et de déchets, édifiée en plein désert pour une population de 50 000 habitants.

8 Le projet de Dongtan, près de Shanghai, doit voir le jour pour l'Exposition universelle de 2010 sur l'île marécageuse de Chongming. Le choix du site a été critiqué car l'île est une étape migratoire pour une espèce d'oiseaux en voie de disparition. De plus, les terres marécageuses vont nécessiter des fondations coûteuses ainsi que l'installation et l'entretien de systèmes de drainage importants.

可持续发展被视作富国的专利。的确就当下而言，唯有真正以创造生态城市为己任的北欧国家与日本承诺兴建生态社区。至于其他城市或国家，例如阿布扎比[7]与中国[8]，虽然也已推出了广受媒体关注的绿色城市项目，但这多是为了吸引世界的目光，而非真正"皈依"可持续发展的诸项原则。这些徒有其表的项目掩饰着某些地区对此的冷漠态度，而这里又是绝大多数建筑的诞生之地。让我们共同回忆，在**1996**至**2003**年间，中国国土面积的**5%**在毫无控制与协商的情况下被用于城市化建设。这样的做法虽然能够降低人口的密度，却也同时助长了城市的肆意扩张。因此，一边在荒蛮之地动用大量人力物力兴建城市，另一边那些更适合人类居住的土地却被置于不顾。

7 阿布扎比的马斯达尔城（*Masdar city*）已经成为了一座垃圾处理率达到百分之百的无碳城市。这座位于无垠沙漠之中的城市拥有居民*50000*人。

8 崇明岛东滩项目将在*2010*年上海世博会期间与世人见面。由于该岛属于珍惜鸟类迁徙栖息的乐园，所以该工程的选址工作曾饱受争议。不仅如此，这片建造成本高昂的湿地还特别需要建立排水系统以及相关的维护工作。

Le projet de Deh Sabz affirme que la prise en compte du développement durable n'est pas qu'une préoccupation de pays riches ou nouveaux riches. Au contraire, elle doit d'abord être celles des pays pauvres. Non pas parce qu'il s'agirait, au titre d'une certaine bonne conscience occidentale, de faire en sorte que les villes des pays en développement accèdent elles aussi à cet avenir urbain radieux et écologique. Mais simplement parce qu'elles n'ont d'autre avenir possible que celui-là. Il y aurait déjà, selon l'ONU, autour d'un milliard de personnes vivant dans de l'habitat informel en 2007, soit un citadin sur trois dans le monde, dont l'essentiel (plus de 90 %) dans les pays en développement. D'ici 2050, ce chiffre devrait être multiplié par deux. Construire durable s'avère donc pour ces pays crucial et nécessaire. C'est un impératif existentiel. C'est cela ou les bidonvilles, cela ou la pauvreté, cela ou l'instabilité sociale dont les conséquences peuvent, on le sait, s'avérer dramatique pour la population, mais peuvent également déborder largement les cadres nationaux. Les phénomènes migratoires Sud-Nord, largement nourris par la misère dans laquelle vivent des pans entiers de l'humanité et dont l'Occident, à commencer par l'Europe, aimerait tant se protéger, en sont une illustration.

Le développement durable est donc d'abord une question qui se pose aux pays en développement. Elle est leur seule porte de sortie de la misère. C'est pourquoi nous en avons fait la colonne vertébrale du projet de Deh Sabz, bien que cet objectif n'ait jamais été explicitement formulé par le gouvernement afghan.

德赫·萨卜兹项目证明，对可持续发展进行思考不单单涉及传统富国或者新兴富国，反而应当首选相对贫穷落后的国家。这并非是因为要竭尽所能地使发展中国家利用西方的某些先进意识去打造拥有光明未来的生态城市，而仅仅是因为他们别无选择。联合国的统计数据显示，在2007年，约有十亿人生活在非正规住房内，即世界城市人口总量的三分之一，其中的绝大多数（超过90%）来自发展中国家。2050年，这一数字可能还会增长一倍。因此，对于上述国家而言，可持续建造显得刻不容缓，确有其存在的必要。是选择此类建造模式，还是选择棚户满城，或者贫穷困苦以及社会动荡？我们了解，上述结果对于广大民众而言无异于悲剧，还会令各国无力承受，而南北迁移现象正说明了这一点。该现象的发生主要源自为人类生存设置了重重壁垒的苦难生活，而最早开始对抗这一现象的阵营则是欧洲所在的西方世界。

所以，作为摆脱困苦的唯一出路，可持续发展可谓发展中国家的一项要务。这就是为什么我们将其视作德赫·萨卜兹项目的主干，尽管阿富汗政府从未明确表示以此为目标。

Périmètres d'intervention du public et du privé

公私合一的市郊建设

Une ville ne peut être durable que si elle est rentable. Or, les hypothèses financières sur lesquelles s'est fondé le gouvernement ne sont pas adaptées. Toute sa stratégie repose sur la vente des terrains qui est censée financer la construction d'infrastructures diverses, des logements bon marché, et le début de la réhabilitation de la ville historique, le reste (écoles, centre de santé, hôpitaux, université, etc.) étant laissé à des partenaires privés.
Après études, ce scénario ne tient pas. L'argent dégagé par la vente ne sera pas suffisant pour mener à bien tous ces chantiers, et la construction de la ville risque d'être rapidement stoppée avant même d'avoir eu le temps de commencer.
Notre projet propose donc un mode de financement alternatif qui s'appuie sur trois types d'acteurs : l'aide internationale, le gouvernement afghan et les investisseurs privés. Dans un premier temps, l'aide de la communauté internationale devra financer les premiers travaux d'aménagement. Passés quatre ou cinq ans, la ville commencera à dégager de l'argent pour le gouvernement, notamment grâce aux taxes foncières, à la TVA, et aux retombées des activités commerciales, et aux impôts. Une dynamique économique vertueuse, poussée par des investissements immobiliers privés encadrés, pourra alors s'installer.

Le gouvernement et les autorités de la ville nouvelle se recentrent sur des missions vitales pour la population. En l'occurrence, elles devront se focaliser sur les infrastructures routières, de production d'énergie, d'approvisionnement en eau et de retraitement, les réseaux de téléphonie, ainsi qu'une partie de l'aménagement de la ville, y compris paysager. En contrôlant ces infrastructures et leur construction, les autorités gardent la maîtrise du développement de la ville au niveau macro, ce qui est essentiel pour éviter une urbanisation anarchique et ne pas retomber dans les erreurs du passé.

一座能够获取收益的城市才能够实现可持续的目标。但问题在于，当地政府的预想却与现实不符，这是因为他们在制定策略时完全依赖土地买卖的收益去建造各类基础设施、廉价住房以及初步改造这座历史之城，而剩余部分（学校、医疗中心、医院、大学，等等）则交由私营企业投资兴建。通过分析我们发现，这样的策略显得有些不切实际。利用销售所获得的钱款根本无法满足所有公共建设的需要，甚至会让城建工程胎死腹中。
因此，我们建议采用根据下列三大要素而建的轮换型集资模式：国际援助、阿富汗政府与私人投资商。首先利用国际社会的援助完成首批改造工程。四至五年后，这座城市将逐渐为政府带来收益，而这主要来自于地产税、增值税、商业活动及其他税收。最终再由适度的私人投资来推动这一地区的发展，为其注入经济活力。

自此，阿富汗当局与新城市政府将会把关注的焦点转向至关重要的惠民政策之上，这当中包括道路基础设施的建设，能源的生产，供水、废水的处理，电话网络的建立，城市的部分改造以及相关的景观设计。为了杜绝在城市化进程中出现混乱局面，当地政府必须在有效管理基础设施建设与建造工程的同时从宏观的角度出发对城市发展的脚步加以控制，以免重蹈覆辙。

Les services publics restent aussi dans leur escarcelle. À l'inverse de ce qui se fait partout aujourd'hui, il ne sont pas confiés au secteur privé via des concessions de services publics. La raison en est simple : le bénéfice de ce type de montage financier, dans lequel les partenaires privés assument les coûts de construction et se remboursent ensuite sur la location des bâtiments et le service qu'ils assurent au nom des pouvoirs publics, est rarement à l'avantage de ces derniers. Ces concessions de services publics ne doivent donc pas être mises en œuvre lorsque aucune redevance de l'usager liée au service n'est demandée. De plus, ces services, notamment ceux liés à l'éducation et à la santé ont une importance primordiale dans notre projet et il nous a semblé impératif que, là encore, les autorités conservent la main.

与此同时，各级政府还要将公共服务系统一并纳入预算。与今天的普遍情况相反的是，它们之所以没有通过政府的特许落入私人之手仅仅是因为这样的融资方案所创造的利润往往难以满足后者的胃口。在此类方案中，私人投资商需承担建造成本，再依靠随后的租赁业务以及利用公共机构的名义提供服务这一方式获得投资回报。因此，在无法向民众提供免费服务的情况下，政府不应发放任何与之相关的特许权。除此之外，上述公共服务设施，尤其是那些与教育及医疗联系紧密的设施在我们的设计方案中将占有举足轻重的地位，在我们看来，政府能否将它们掌握在自己手中无比重要。

Compte tenu de l'importance des sommes en jeu, il était impossible de se passer d'investissements privés, comme cela a pu se faire lors de la construction des villes nouvelles françaises à partir du milieu des années soixante. Se passer du privé n'a d'ailleurs jamais été un but du projet, puisque, au contraire, il est appelé à jouer un rôle important dans le projet de Deh Sabz mais de façon encadrée. Son intervention se situe surtout au niveau local, entre les voies et les réseaux posés par la collectivité.

La ville, nous y reviendront plus bas, est organisée en quartiers qui correspondent généralement à quatre parcelles de 300 x 300 m. Ce sont ces parcelles viabilisées qui sont vendues aux aménageurs. Ces derniers doivent respecter des règles simples, spécifiques à chaque parcelle, de constructibilité, de hauteur, de type d'occupation et de normes de consommation d'énergie. Ces règles ont toutefois une certaine souplesse, puisqu'elles fixent des minima et/ou des maxima pour la hauteur des édifices ainsi que le type de programmes voulu (équipements publics, bureaux, logements, etc.). Il s'agit d'introduire une certaine plasticité dans la conception de la ville, permettant à celle-ci de s'adapter à la vie des différents quartiers. En retour, les aménageurs et les promoteurs ont toute liberté pour construire et ne sont limités par aucune autre contrainte architecturale. C'est la variété des édifices et de leur style qui fera l'identité de Deh Sabz.

Cette double échelle d'aménagement, publique/globale et privée/locale, devrait assurer à la ville une bonne cohérence dont le secteur privé, et donc l'économie du pays, ne pourra que profiter. Ces dernières années, des immeubles de bureaux ont poussé un peu partout dans Kaboul. Pour l'essentiel, ils ne sont pas finis et non occupés, probablement en raison de loyers demandés trop élevés. En respectant les phases de développement de la ville, un tel gâchis pourra être évité et les investissements mieux dirigés.

考虑到巨大的资金投入，该项目的实施势必需要私人的介入。然而，在（上世纪）六十年代中期的法国，新城建设的成本则完全由政府承担。摒弃私人资本绝非德赫·萨卜兹项目的目的所在，相反的是，这些资本在当中扮演着重要的角色，而我们只需对其加以管治即可。上述私人投资尤其涉及整体规划中的某些局部环节，也就是在道路系统与政府建立的城市网络之间进行运作。

如同随后的内容所述，这座城市由街区组成，而各个街区又普遍包含有四个300 米x 300米的地块。正是这些待建区域被分销给了开发商。他们必须遵守因地而异、简单易行的诸项原则，其中包括施工能力、建筑高度、居住类型与耗能标准。由于这些规程仅仅限定了建筑物的最大与/或最小高度及其功能类型（公共设施、办公型建筑、住宅），因此它们具有一定的灵活性。如此的考虑是为了搭建城市设计的可塑空间，以期适应不同街区的生活环境。作为交换，开发商与出资人也可以（在遵守上述规程的同时）随心所欲地建造，而不受其他任何建筑模式的约束。正是建筑物的多样性与风格凸显了德赫·萨卜兹的独到之处。

采用公共/整体与私人/局部的双重开发模式可以保证良好的城市和谐度，既能受惠于私人，又益于国家经济的发展。近些年以来，虽然办公大楼如雨后春笋般在喀布尔各处掘地而起，但其中大部分尚未竣工就被闲置，这种情况的出现或许是租金过高所致。通过尊重城市发展的脉络，我们可以避免诸如此类的无谓浪费，使投资目标更加明确。

Stratégie
à mettre en œuvre

待实施策略

Deh Sabz : une conception urbaine spécifique et efficace

La trame urbaine proposée est une synthèse originale jouant sur la complémentarité entre la rationalité et l'efficacité inhérente à toute grille urbaine orthogonale et la topographie naturelle des lieux griffée par de nombreuses ravines. La ville s'inscrit dans la topographie du site et adopte la forme d'un triangle isocèle qui n'est autre que le résultat des contraintes générées par les reliefs qui l'environnent. Elle est délimitée à sa périphérie par une ceinture verte à vocation maraîchère, et en son centre par un immense parc central destiné à accueillir des équipements divers. Entre ces deux limites, une grille viaire orthogonale découpe minutieusement la ville. Ce type de maillage facilite les déplacements ainsi que l'orientation des habitants.
En s'appropriant le réseau superficiel des ravines pour en faire des espaces verts d'agrément au milieu desquels coulera un filet d'eau, Deh Sabz tire partie de sa topographie et de ses « infrastructures naturelles ». Les perturbations de la trame par les vingt-cinq ravines, n'altèrent pas la qualité des déplacements, le réseau viaire n'étant pas affecté.
Deh Sabz dispose de quatre types d'espaces végétalisés. Le premier, le plus important en terme de superficie, est constitué par la ceinture verte, qui englobe les villages agricoles traditionnels existants et les cimetières. Viennent ensuite les ravines réaménagées, le parc central, et enfin les jardins à l'intérieur des parcelles.

德赫·萨卜兹：高效而特别的城市设计

本项目推荐的城市建网来自于新颖的整体构思，它可以使所有正交型城市建网本身具有的合理性及有效性与当地沟壑纵横的天然地貌互为补充。出于对外围地区地势起伏不平的考虑，这座将依照实际情况而建的城市被决定采用等边三角形的布局方式建造。用于蔬菜种植的绿色长廊将圈定城市的范围，而中心区则是规模巨大、包含有各类设施的中央公园。在上述两大区域之间密集的网格式道路系统可将整座城市细划成多个区域，从而使当地居民能够轻易辨认方向，便于出行。
得益于这里的地貌与"天然的基础结构"，德赫·萨卜兹可以通过浅表的沟壑网络创造出流水淙淙、闲适宜人的绿色空间，而对城市布局造成干扰的这二十五处沟壑并不会降低居民的出行质量，也不会干扰道路系统的畅通程度。
德赫·萨卜兹拥有四类绿化空间，首当其冲的是围绕着现存的传统农舍与墓园的地表绿化带，随后是经人工改造的溪涧与中央公园，而最后则是各个区块内的花园。

Grand Kaboul 2035 >
*2035*年的大喀布尔 >

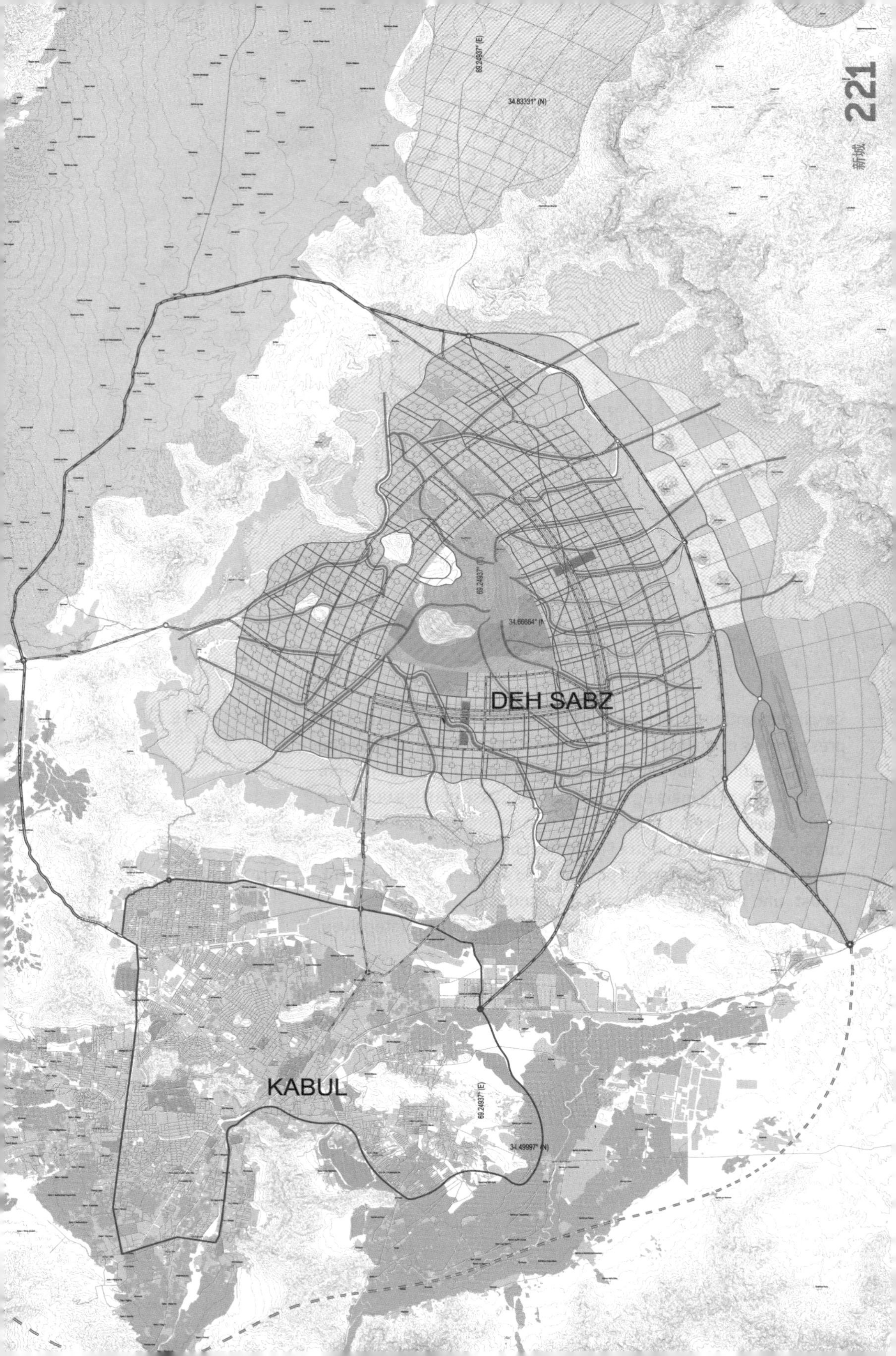
69.24937° (E)
34.83331° (N)
69.24937° (E)
34.66664° (N)
DEH SABZ
KABUL
69.24937° (E)
34.49997° (N)

La ville est entourée par une ceinture verte dont la vocation est de préserver les exploitations agricoles existantes et d'en accueillir de nouvelles afin de subvenir aux besoins de la population en matière de culture vivrière mais également de biomasse pour les unités de production d'énergie. Cette ceinture sert de limite physique et joue un rôle prépondérant contre l'étalement urbain. Elle tient aussi un rôle non négligeable dans la production d'oxygène. Parallèlement, à l'est, une bande transversale nord-sud, séparant la ville de la zone industrielle et de l'aéroport, accueille des cultures intensives.

上述带状的绿色空间环抱着整座城市, 其使命在于保护现有耕地, 鼓励农田开垦, 从而满足人们对粮食作物以及各能源生产单位对生物量的需求。这条带状区域将会在抑制城市蔓生方面起到实质性的作用, 而氧气输出则是其另一个不容忽视的角色。与此同时, 位于东部的南北向贯通带不仅可以将城区与工业区及机场分隔开来, 还可以用于发展集约型农业。

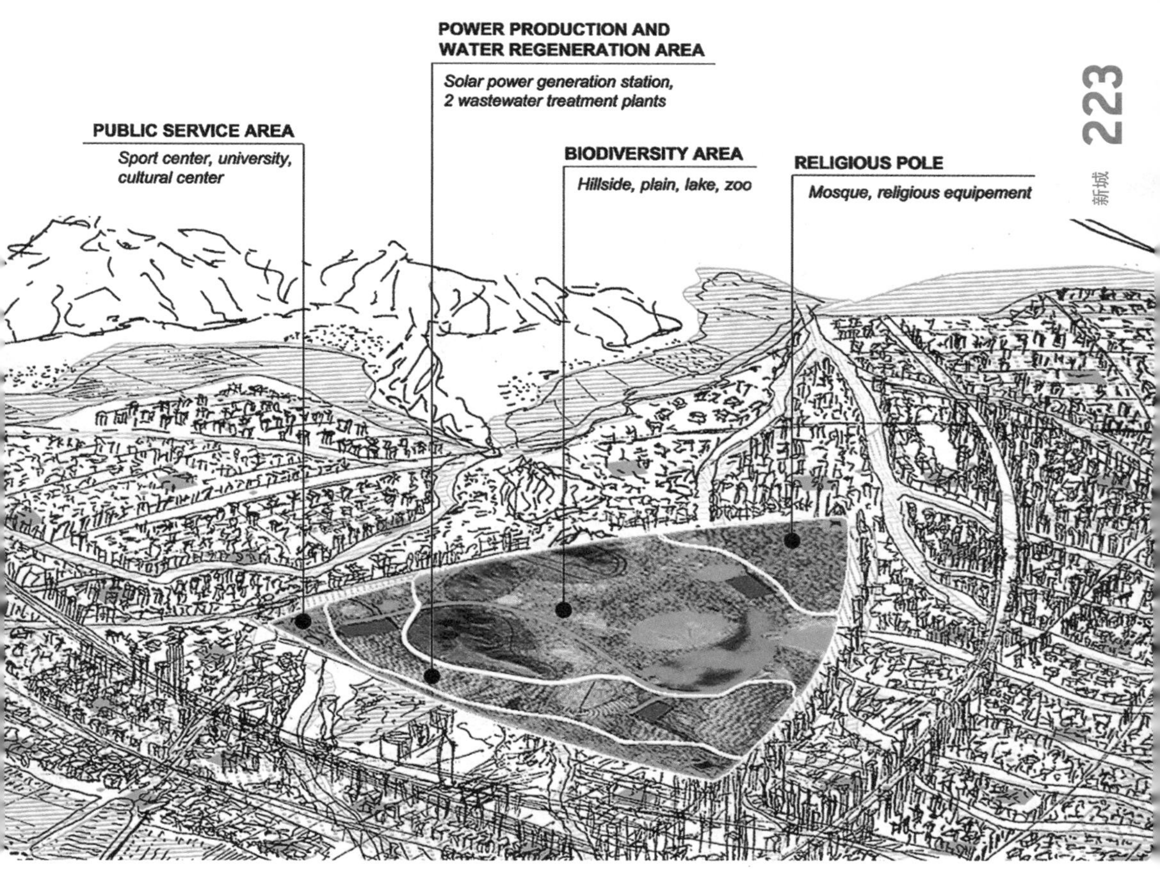

Unique en son genre, le parc central de Deh Sabz n'est pas qu'un simple espace vert comme peuvent l'être ceux de Paris, de Londres, de Berlin, de Tokyo ou encore de New York. Immense[9], il est destiné à accueillir à sa périphérie, en connexion avec la ville, des équipements cultuels (Grande Mosquée), culturels (Stadium, zoo, piste de Bozkashi[10]), universitaires (université, grandes écoles) et sanitaires (hôpital public) destinés à l'ensemble de la population.

En son cœur, il intègre une série de fonctions techniques participant activement au caractère durable de la ville. Ainsi, une bonne part de sa surface est consacrée à la production d'énergie électrique photovoltaïque. À chaque angle du triangle formé par le parc, une station de retraitement est directement connectée à un grand lac réservoir d'eaux brutes.

9 Le parc de Deh Sabz fait plus de 2 000 hectares, soit cinq fois la superficie de Central Park, à New York, et deux fois celle du bois de Vincennes, le plus grand espace vert parisien.

10 Le Bozkashi ou jeu de « l'attrape-chèvre » consiste pour des cavaliers à se disputer une carcasse décapitée de chèvre ou de veau pour aller la poser dans un cercle délimité à la craie. À l'origine issu d'une festivité de mariage turkmène, le bozkashi est un spectacle national afghan.

与巴黎、伦敦、柏林、东京或者纽约有所不同，风格绝无仅有的德赫·萨卜兹中央公园不能被简单地视作一处绿色空间。这座气势恢弘[9]的公园与城市脉脉相连，其周边地带聚集着各类宗教设施（大清真寺）、文化设施（体育场、动物园、马背叼羊的专用马道[10]）、高等教育机构（大学、高等专业学院）以及服务于当地居民的公共医疗机构（公立医院）。

9 德赫·萨卜兹公园占地超过2000公顷，是纽约中央公园的五倍，更是巴黎规模居首的绿色空间——文森纳绿地公园的两倍。

10 背叼羊运动（Bozkashi）：两队骑手以一只割去头的山羊或牛崽为目标展开争夺，而将其放入限制圈内的一方为获胜方。起源于突厥民族婚庆活动的马背叼羊已成为阿富汗的全国性运动。

Les ravines sont aménagées en terrasses de façon à réguler le débit de l'eau issue de la fonte des neiges et des pluies. Elles sont autant de coulées vertes, plantées d'arbres fruitiers, sources d'agrément pour la population, et venant perturber la trame urbaine. Elles constituent des réserves foncières pour le développement ultérieur de Deh Sabz.

Leur surface spongieuse est capable de retenir l'eau et en même temps de la filtrer tout en permettant le développement d'une végétation à vocation multiple : fertilisation des sols, pépinières pour les futurs espaces verts de la ville, espaces verts. Les ravines retraitent les eaux de pluies et de ruissellement par un procédé naturel, la phyto-épuration. L'eau est ensuite acheminée vers le lac central et les stations d'épuration disposées autour de lui.

当地的道道沟壑将被改造为可用于调节融雪及雨水流量的台地。这处利用果树种植而打造的绿化带可成为人们休闲娱乐的场所，并将城市网路阻断。为了德赫 · 萨卜兹的后续发展，那里还可用于土地储备。

它们的海绵土质具有蓄水与滤水功能，因此可促进植被的生长，而后者则肩负着多重任务：孕育出肥沃的土地，向城市未来的绿色空间与风景区提供植物苗株。这些沟壑在对雨水进行处理的同时还可利用天然的植物净化手段解决漫流问题。随后，这些水将被引向中央水库及其四周的水净化站点。

^ Aménagement des ravines

^ 经改造的沟壑地带

Ravine existante >

目前的沟壑地带 >

Une ville polycentrée

多中心城市

La nouvelle ville forme avec Kaboul une agglomération urbaine polycentrée. Les deux villes bénéficient d'équipements communs (zone logistique, aéroport, installations d'adduction et de traitement de l'eau) mais ont leur logique propre. Elles sont desservies par un réseau autoroutier qui permet à la circulation de transit de les contourner pour rejoindre les régions du Nord ou du Sud du pays.
L'échelle de Deh Sabz, qui doit accueillir plus de trois millions d'habitants à terme, ne permettait pas d'offrir un centre partagé rassemblant les grands équipements de la ville. Au-delà d'un million de résidants, le centre n'a plus la fonction unitaire partagée recherchée, il favorise la congestion et n'est accessible finalement qu'à une partie de la population. Ce type d'urbanisme radioconcentrique crée de l'exclusion, favorise les banlieues, ce qui va à l'encontre de la logique du projet. Hormis les villes fortement contraintes géographiquement, à l'instar de Hong-Kong, dont la densité de population est parmi la plus élevée au monde (près de 30 000 hab/km² en moyenne), les grandes villes monocentrées ne savent que fabriquer de la banlieue. Ce qui était exclu en l'espèce, tant pour maintenir une bonne densité et éviter l'étalement urbain, que pour conserver les zones de production vivrières à la périphérie immédiate. Nous avons donc choisi de faire de Deh Sabz une ville aux multiples centralités à différentes échelles et au centre vide qui unifierait par son image.

En son sein, Deh Sabz multiplie les pôles d'intensité urbaine à différentes échelles : celle de la ville toute entière, celle du district (autour de 80 000 habitants), du sous-district (autour de 40 000 habitants), l'échelle du quartier (de 17 000 à 20 000 habitants), et enfin l'échelle des îlots (autour de 5 000 habitants) qui correspond à une parcelle de 300 x 300 m. Chaque échelle a sa centralité qui se conjugue avec les autres. Ce qui est voisin à une échelle devient constitutif de la centralité à une autre, et ainsi de suite. S'il ne s'agit pas *stricto sensu* d'un système de type fractal appliqué à la morphologie de la ville, l'idée est néanmoins la même du point de vue

紧邻喀布尔的新城将被构建成一处多中心城市群。这两座城市可根据自身的需要共同使用物流区、机场、水收集与处理设施，等等。此外，为了进入该国的北部或南部地区，通达上述两地的高速公路网还可为跨域运输创造条件。
可长期容纳三百余万名居民的德赫·萨卜兹将无法营建一处重要设施俱全的单一型中心区。这是因为，当城市的居民数量超过百万时，单一化的中心区便会失去广受青睐的独立功能，这不仅会导致拥挤问题愈发严重，甚至会将部分市民"拒之门外"。类似的中心发散式布局还可能引发社会排斥现象，促使城郊地区无限扩张，而这与本项目的初衷背道而驰。除去地理条件极其受限的城市以外，例如人口密度世界之最的香港（近30000人/平方公里），那些单中心化的都会城市只懂得在郊区扩建上大做文章。
然而，上述方案既可保证适宜的密度，避免城市蔓生的出现，又能保护粮食作物及蔬果生产区。因此，我们选择以规模不等的中心区为基础，将德赫·萨卜兹打造成一座多中心城市，并通过其形象建立整体的景观效果。

德赫·萨卜兹的宗旨是增加规模各异的城市活动区：城市中心、地区中心（约80000居民）、分区中心（约40000居民）、街区（17000至20000居民不等）以及300米 x 300米地块上的社区（约5000居民）。每一区域均拥有与其他区域相连的核心地带。每一区域的临近空间均是另一区域核心的组成部分，依次类推。从严格意义上来讲，虽然这并非是将分形系统的观点运用于城市形态之上，但是如此的想法却与其通用的组织模式不谋而合。位于各个街区之间的"摩擦"地带包含有其他类型的设施以及规模较大的商埠，因此有益于激发社会经济的活力。

Occupation du sol et zonage fonctionnel des espaces bâtis >
建造区域的土地利用与功能区划 >

predominantly residential (BH..)
predominantly home gardening (BG..)
traditional residential area (ZR)
predominantly administrative area (BA..)
predominantly tertiary, research and technical area (BR..)
predominantly office and retail area (BO..)
public amenties and accomodations
industrial area

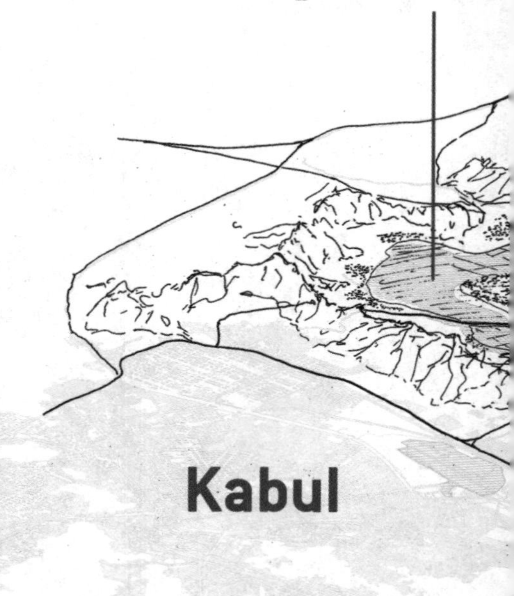

de son organisation générale.
Entre chaque quartier, des zones de « frottement », comprenant d'autres types d'équipements et des commerces plus grands, favorisent une dynamique socio-économique. L'objectif étant de provoquer des échanges entre les communautés qui ont naturellement tendance à se regrouper. Elles devraient ainsi trouver simultanément des espaces de cohésion et d'intimité dans la ville, tout en étant en relation les unes avec les autres.

Par ailleurs, des infrastructures structurantes (aéroport, pôle logistique, zone industrielle) viennent s'ajouter à ces micro-centralités Elle valorisent la position stratégique de la région de Kaboul et permettent des échanges économiques et transfrontaliers facilités. Leur localisation répond à cette injonction.

考虑到各个社群之间自主融合的意愿，此类手段可以加速这一进程，使他们既能在城市中找到衔接的空间，又能找到自己熟悉的区域，还能与他人建立联系。

另外，具有结构功能的基础设施（机场、物流中心、工业区）将作为小型中心的有益补充。它们不仅可以提升喀布尔地区的战略地位，还可以促进经济交流与跨境往来。因此，正是它们所处的位置可实现上述这些目标。

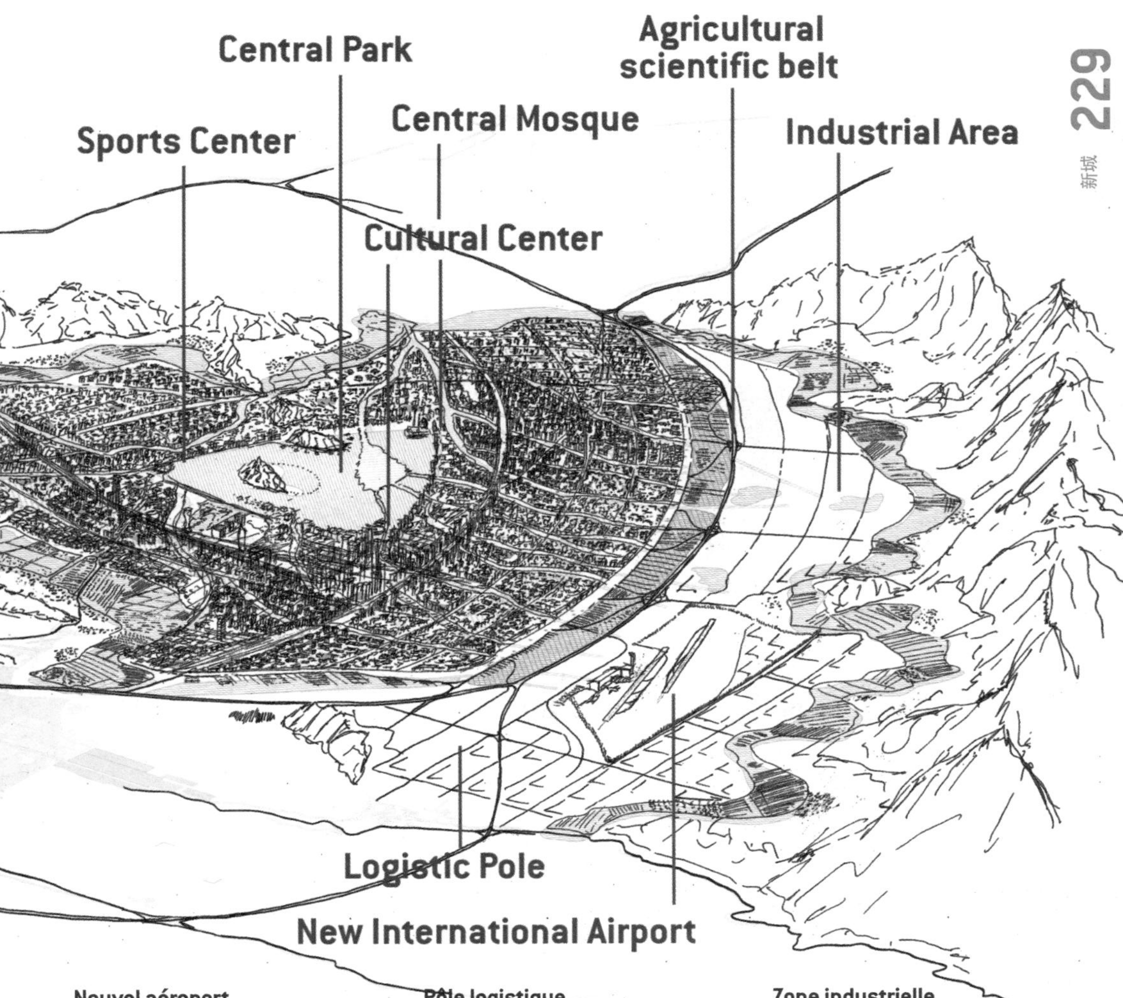

Nouvel aéroport
Il est situé au sud-est de la nouvelle ville (nord-est de Kaboul) en raison de l'orientation des vents dominants (nord/nord-ouest). Cette localisation permet un meilleur confort olfactif, auditif et visuel des habitants et un décollage facile des avions. Elle réduit de plus au maximum le survol des zones urbaines.

新机场
出于对盛行风向的考虑(北/西北)，该机场将被建在新城的东南部(喀布尔东北部)。这样的位置选择既可以缓解当地居民在嗅觉、听觉与视觉上的不适，又便于飞机起降。此外，它还最大限度地降低了飞机飞越城区上空的可能。

Pôle logistique
Le pôle logistique, idéalement situé à proximité de la route provenant du Pakistan, près du nouvel aéroport, au sud-est de la nouvelle ville permet des ruptures de charges en vue de l'approvisionnement des deux entités urbaines (Kaboul et Deh Sabz).
Cette position idéale prend en compte le réseau viaire existant et favorise la desserte des deux pôles urbains.
Ce pôle logistique est proche des deux villes, davantage que ne l'est par exemple le centre de stockage des denrées alimentaires de Rungis qui approvisionne Paris.

物流中心
物流中心的理想建造地应靠近巴基斯坦跨境公路的沿线地区以及新城东南部的机场附近。为了满足两市(喀布尔与德赫·萨卜兹)的要求，该中心还可以进行货物分装。
选择上述位置是出于对现有道路网络的考量，并利于通达喀、德两市的其他中心。与巴黎的朗吉斯食品批发市场相比，该物流中心与城市的间距更小。

Zone industrielle
Son implantation, à l'est de la nouvelle ville, autour de l'aéroport, a l'avantage de réduire les nuisances olfactives grâce à la prise en compte des vents dominants. Elle bénéficie par ailleurs de la route nord-sud et de la proximité de l'aéroport et du pôle logistique. Elle est dissimulée depuis Deh Sabz par une bande verte plantée.

工业园区
工业园区将位于新城东部、机场周围。这样的选址有益于减小因盛行风而加剧的(工业)气体危害性。另外，南北向的公路以及选择邻近机场与物流中心还利于该区的发展。从德赫·萨卜兹开始，该工业区将被一条绿化带所掩蔽。

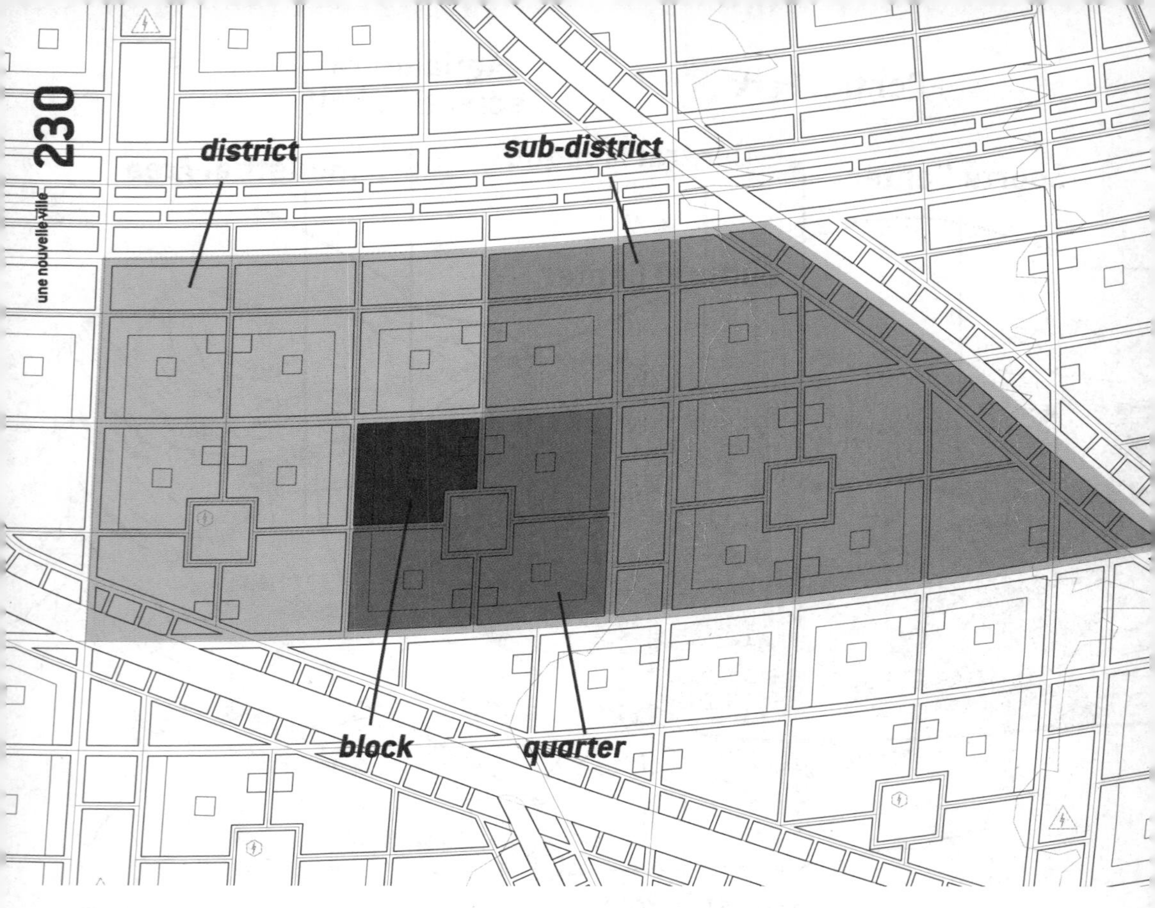

Échelles urbaines

Les îlots

Il existe une centralité propre à chaque échelle considérée, à laquelle correspondent des types d'équipements publics ou privés. Les îlots (300 x 300 m) répondent à une activité dominante (services publics, habitations, bureaux et commerces, administration, tertiaire et recherche, maraîchage). Ils accueillent également d'autres programmes (école primaire, centre de santé local, cinéma, salle de boxe, salle de prière, poste de police, commerces de proximité). Hormis la zone industrielle, l'aéroport et le pôle logistique, uniquement dédiés à leurs activités spécifiques, il n'y a pas de zones monofonctionnelles à Deh Sabz.

Autonomes en termes d'équipements, ces îlots sont conçus comme des germes d'urbanité. Leur forme, s'inspire de celle des parcelles traditionnelles des maisons de terre cuite. Elle est simplement agrandie pour être transposée à l'échelle urbaine, permettant à la population de retrouver ses repères spatiaux tout en bénéficiant d'espaces conviviaux et lisibles.

城市规模

社区

城市的各级可规划区均拥有自己的中心，并提供配套公共设施或私人设施，而各个社区*(300 米x 300米)*则具有某一项主导功能*(*公共事业、居住、办公及商用、行政、服务及科研或商品蔬菜种植等*)*。与此同时，它们还包含其他辅助设施*(*小学、地方医疗中心、电影院、拳击馆、祷告室、警察局、邻近商埠*)*。除去具有专属功能的工业区、机场与物流中心以外，德赫·萨卜兹的其他地段均为多功能区。

这些设施独立的社区如同孕育城市化的胚芽，其形式的设计灵感是源自陶土房屋所占据的传统地块。为了适应城市规模而简单拓宽的社区面积可以让人找回似曾相识的空间布局，享受借此而来的亲密感与熟识度。

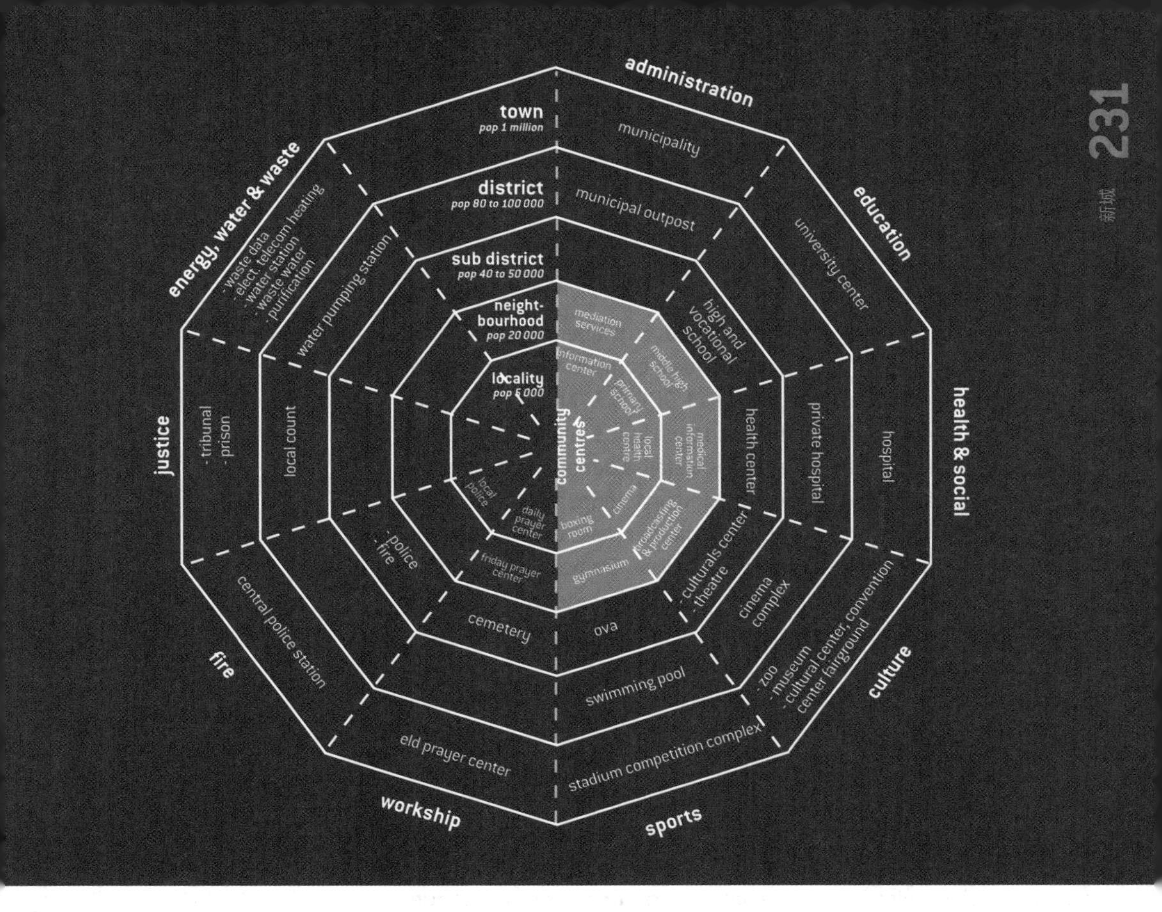

Les quartiers

Les quartiers disposent d'équipements publics (collège, lycée, centre médico-social), d'écoles privées, d'une grande salle de prière et d'une centrale de production d'énergie.

Le sous-district

Le sous-district accueille une école supérieure, une caserne de pompier, un poste de police, un centre de santé, des équipements culturels et cultuels, ainsi qu'un cimetière. Des équipements privés sont également prévus comme un centre de formation professionnelle, une école supérieure ainsi qu'une clinique.

Les districts

Ils disposent d'une plus grande variété d'équipements publics (école de formation professionnelle, équipements sportifs, mairie de district, équipements dédiés à la culture et aux arts, hôpital, etc.), ainsi que d'équipements privés (salles de cinéma et de spectacle, hôpital, université).

街区

各个街区均配备公共设施(初高中、社会医疗中心)、私立学校、祷告大厅及能源生产厂。

分区

各个分区均设有高等院校、消防站、警察局与保健中心各一座以及若干文化、宗教设施与墓地一块。与此同时，这里还可营建其他私人设施，例如职业培训中心、私立高校以及私人诊所。

地区

各个地区均包含有功能多样的公共设施(公立职业培训学校、体育设施、地区政府、文化及艺术设施、公立医院，等等)以及私人设施(电影及演出大厅、私立医院与大学)。

Deh Sabz est une ville globalement dense. En moyenne, sa densité est de 20 000 hab/km², si l'on ne prend en compte que le territoire délimité par la ceinture verte, ou de 11 000 hab/km², si l'on tient compte des zones industrielles et logistiques et de l'aéroport. Elle alterne zones très denses et zones de faible densité. Localement, près des grandes artères, la densité peut atteindre à l'îlot le niveau élevé de 60 000 hab/km². Les zones de faibles densités sont davantage localisées aux intersections de la trame urbaine et des ravines, près de la ceinture verte périphérique, et dans le parc central. Ces ruptures de gabarits urbains créent des événements formels dans la ville et participent de sa spécificité.
La densité est importante à plusieurs titres. D'un point de vue social, elle permet de disposer d'équipements et de services qui facilitent la vie quotidienne des habitants. Elle peut aussi conférer à la population un confort urbain doublé d'un sentiment de sécurité[11]. Elle raccourcit les distances, en particulier entre domicile et travail, et incite à une plus grande utilisation de modes de déplacement doux (marche à pied, vélos). Depuis le parc central, un piéton ne met que 30 minutes pour quitter la ville et atteindre la ceinture verte, 2,5 km plus loin.
La densité est aussi importante pour la rentabilité écologique et économique de la ville. Plus une ville est dense, moins elle consomme d'énergie et plus son impact environnemental est faible. Elle nécessite moins de linéaires de réseaux divers (eau, électricité), et réduit d'autant son coût de construction et d'entretien. La même équation s'applique aux transports en commun. Par ailleurs, une bonne densité permet de limiter la consommation de terres et ainsi, de les protéger.

Le plan des hauteurs repose sur une stratégie de base, le R+4, qui correspond à la hauteur moyenne des quartiers à vocation résidentielle. Plusieurs raisons ont conduit à ce choix. D'une part, ce type d'immeuble ne gène pas le confort de vie des habitants. Un être humain monte quatre étages sans trop de problème. D'autre part, ce type d'immeubles, sans ascenseur, a des coûts de fonctionnement assez bas, autorise une bonne densité tout en conservant l'accès à la lumière naturelle. C'est donc une forme urbaine permettant de réaliser des économies sans nuire au confort de vie des

11 Une étude menée par l'Atelier parisien d'urbanisme (APUR) a ainsi montré que les quartiers de Paris les plus denses, mais également les plus métissés en terme de fonctions et de populations, étaient ceux dans lesquels la population se sentait le plus en sécurité.

就整体而言，德赫·萨卜兹是一座密集型城市。如果仅考虑绿化带所限定的范围，其平均密度为20000人/平方公里，如果将工业区、物流中心与机场一并计算在内的话，该数字将为10000人/平方公里，从而产生了高、低密度区相互交替的现象。就局部而言，紧邻交通要道的社区密度高达60000人/平方公里，而低密度区则普遍选择城市建网与沟壑地带的交汇之处，或者外围绿化带附近与中央公园内。这些城市版图上的"阻断"现象能够创造出迥异的形式，从而凸显出它的与众不同。
就某些主题而言，密度显得尤为重要。从社会的角度出发，它能够为城市设施的建设与服务的营运创造条件，从而简化当地居民的日常生活；它还可以增加人们的安全感[11]，并由此创造出舒适的环境；它可以缩短人们的出行距离，尤其是从住所前往工作地点时；再有就是，它可以促进"软性"出行方式的发展（步行、自行车）。自中央公园起，人们仅需步行30分钟便可离开城市，到达2.5公里以外的绿化带。
无独有偶，对于城市的生态保护与经济效益而言，密度同样不可或缺。一座城市的密度越高，耗能就会越低，对环境的冲击也会越小。稠密型布局可以减少各类基建系统（水、电）的跨度，从而降低它们的建造与维护成本，同样的等式也适用于公交网络。另外，合理的密度还可以保护土地，限制人们的肆意占用。

在建筑高度方面，与住宅区平均层高相吻合的5层楼高是我们的基本设计策略。我们之所以做出上述决定是出于多方面的考虑。一是此类建筑不会对住户的生活造成影响，因为往返于五层楼高对于人们而言并非难事。二是此类未设电梯的建筑所需的运作成本相对较低，并能够创造适宜的密度且益于自然采光。因此，这样的建筑形式既可以实现开源节流的目标，又不会妨碍人们舒适地生活。最后，这样的建筑规模还可与当地工人的专业技能相吻合。

11 一项由巴黎城市规划委员会(APUR)所做的研究显示，巴黎市密集度、功能性与种族混合度最高的街区可以给与人们最佳的安全感。

habitants. Enfin, cette taille de bâtiment est tout à fait adaptée aux compétences locales des ouvriers du bâtiment, ce qui est crucial si l'on veut que les emplois profitent d'abord aux Kaboulis.

Dans un ordre croissant de hauteur, on trouve d'abord les ravines, qui peuvent atteindre 80 m de large. Elles n'accueillent dans un premier temps aucune construction, mais pourront devenir constructibles pour des édifices publics lorsque la pression urbaine le nécessitera. Elles jouent en attendant un rôle de réserves foncières et permettront de reconstruire la ville sur elle-même et par là même de limiter son étalement vers les zones maraîchères de la ceinture verte.

Viennent ensuite les quartiers de maraîchage (R+1), suivis des quartiers résidentiels (R+4). Les quartiers administratifs gagnent quelques étages, tandis que ceux à dominante bureaux et commerces, autour des deux boulevards commerciaux et de leur jonction, sont autorisés à monter jusqu'à 40 m, et même, ponctuellement, jusqu'à 100 m. Le long de ces deux boulevards, une série de bâtiments, qui pourront faire l'objet de concours internationaux, ont la latitude de monter jusqu'à 150 m. Enfin, deux tours d'une hauteur de 200 m, prendront place de part et d'autre du parc urbain.

倘若我们希望为喀布尔人创造就业岗位的话，这一点尤为关键。作为逐级递增顺序上的至高点，宽度可达80米的沟壑地带在项目初期将无须承担任何建造任务，但要向未来的公共设施提供可建用地，以应城市发展的不时之需。在此期间，它将被用于土地的储备，以满足城建的需求，并同时抑制城市蔓生现象，保护绿化带的蔬果种植区。

紧随商品蔬果种植区（2层）之后的是住宅区（5层），而位于行政区内的建筑高度将会略有增加。两条商业街及其交汇处周边的办公及商用类楼宇可以建至40米，甚至在某些地段可达100米。位处上述街道两旁的一系列层高150米的建筑将会成为国际招标会关注的焦点。最终，两栋层高200米的超高层建筑将在城市公园两侧拔地而起。

La présence de tours ne s'imposait pas en regard des impératifs de densité. La forme urbaine en R+4, pour laquelle nous avons opté, est assez efficace de ce point de vue. Les tours, si nous avions respecté les règles de prospect en étant particulièrement attentifs à l'ensoleillement, n'auraient pas produit une densité beaucoup plus élevée. Quoiqu'il en soit, elles ont expressément été demandées par le gouvernement qui, même s'il se défend de singer Dubaï et sa ruée vers le ciel[12], demande que Kaboul incarne la modernité, dont les tours sont, à ses yeux, l'un des maîtres mots de son vocabulaire.

Il nous a semblé impossible d'ignorer cette requête tant il est vrai que partout, d'Issy-Les-Moulineaux à Saint-Pétersbourg en passant par New York et Shanghai, les tours symbolisent la réussite et renvoient une image dynamique des villes. Elles ont donc été intégrées au projet et participent à la logique de rupture des densités évoquée plus haut. Leur localisation *a priori*, près du parc central et des boulevards commerciaux, devrait empêcher qu'elles ne se multiplient.

12 La tour Burj Dubai, qui devait être livrée fin 2009, deviendra avec environ 800 m, la plus haute du monde, loin devant la tour Tapei 101, avec ses petits 508 mètres (hors antenne). Prochaine étape, le kilomètre...

超高层建筑的出现并非是创造稠密度的关键所在。我们所选择的5层式都会形态便足以证明这一观点。如果我们尊重那些与楼宇最小间距有关的法规，并将注意力集中在日照问题上的话，超高层建筑根本无法造就如此之高的稠密程度。虽然当地政府无意效法迪拜屡屡冲向天际的疯狂举动[12]，但不管怎样，他们还是明确要求兴建超高层建筑。因为在他们眼中，摩天大楼正是喀布尔步入现代化的重要标志之一。

我们曾认为无法对类似的请求置之不理，因为它们已成现实，无所不在。无论是伊西-莱-穆利诺、圣彼得堡，还是纽约、上海，超高层建筑均代表着成功，展现着充满活力的城市形象。于是，我们将此类建筑纳入本项目之中，并遵循前情提到的密度分隔逻辑。此外，它们的建造区域将首选中央公园与商业街附近，以便控制此类建筑的数量。

12 已于*2009*年交付使用的全球最高建筑——迪拜高塔约*800*米，将*508*层（除顶部天线）的台北*101*大楼远远甩在身后。下一步将向以公里为计算单位的建筑迈进……

Plan des hauteurs maximales >
最大高度平面图 >

200 m / G+50
150 m / G+35
100 m / G+25
40 m / G+10
30 m / G+7
28 m / G+6
24 m / G+5
20 m / G+4
12 m / G+3
particular hight for public amenties

Une construction durable

可持续建造

La démarche HQE sert de guide au projet. Les objectifs en matière de maîtrise des impacts du bâti sur l'environnement, de gestion de l'énergie, de gestion de l'eau, de confort et de santé sont remplis. Des normes environnementales, imposées à chaque îlot, assurent une bonne performance énergétique des immeubles. Parallèlement, l'architecture vernaculaire est mobilisée pour ses qualités environnementales. Ainsi, les tours à vents constituent des systèmes efficaces pour rafraîchir les édifices en plein été, de même que les cours intérieures qui produisent de l'ombre et une circulation d'air dans les bâtiments. Les systèmes de climatisation, s'ils ne peuvent être purement et simplement éliminés, seront limités au maximum.

Les Afghans possèdent un savoir constructif à partir de la terre crue. Il est pérennisé pour certains édifices, notamment ceux des zones maraîchères, mais n'est pas exploité de façon systématique pour la construction de la ville. La matière première viendrait à manquer et c'est à une véritable catastrophe écologique que nous serions alors confrontés.

作为本项目的指导思想，高质量环境可以实现以下目标：减小建筑物对环境的冲击，管理能源与用水，提供舒适与健康的空间。各住宅区均遵循一定的环境标准，旨在为高水平的建筑能效提供保障。无独有偶，本土的建筑物也已开始重视环境质量的问题。因此，由风塔组成的系统可以在盛夏时对建筑物进行有效降温，而区内的庭院则可为其遮阳避暑，促进空气循环。虽然我们无法完全摒弃空调制冷设备，但可以尽量减少对它们的使用频率。

阿富汗人对生土建屋甚为了解。自古以来，这种材料被用于某些类型的建筑物，尤其是在蔬果种植区内。然而，就城市建造而言，上述原料却难以系统地发挥作用。一旦出现短缺，我们必将遭遇一场生态浩劫。

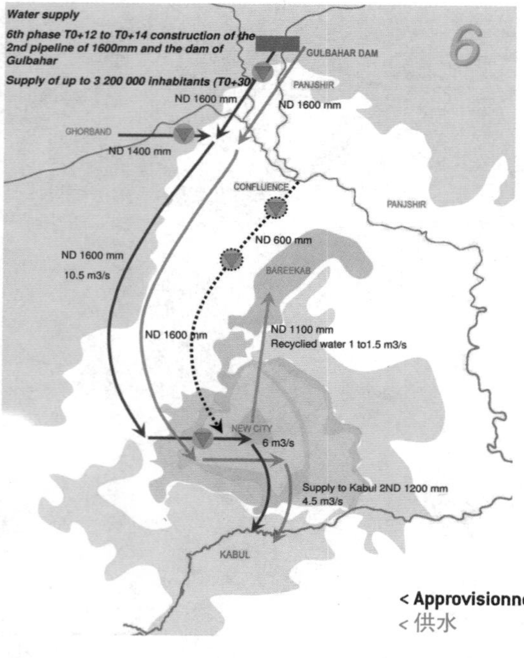

< Approvisionnement en eau
< 供水

Deh Sabz plan de simulation >
德赫·萨卜兹的模拟平面图 >

Une ville socialement responsable

Une bonne cohésion sociale est un vecteur essentiel du développement durable. Dans un pays où l'appartenance à une communauté ethnique peut être, à divers titres, fortement déstructurant pour la société, il nous a semblé essentiel de favoriser le mélange des populations afin d'éviter le morcellement de la ville par secteurs ethniques.
La valorisation foncière participe à ce mélange. La rente foncière des quartiers est un mixte entre leur localisation et la volonté des autorités. Les quartiers qui bordent les ravines ou bénéficient de l'agrément de zones végétalisées font ainsi partie des terrains les plus chers. Mais la rente foncière est également déterminée par les autorités, propriétaires des terrains, pour créer de la mixité sociale et fonctionnelle et éviter qu'une logique radioconcentrique s'installe. Dans un pays encore fortement marqué par les clivages ethniques, l'idée consiste à regrouper les populations en fonction de leur niveau de vie - soit l'inverse de ce que l'on a coutume de faire ou plutôt de dire que l'on fait en France quand on parle de mixité sociale à propos des logements sociaux – de façon à aller contre les logiques communautaristes. Il s'agit, ni plus ni moins, d'organiser la ville d'un point de vue socialement ségrégatif en tenant compte du niveau de vie de chacun. La valeur des terrains, vendus aux aménageurs, permet de maîtriser cet objectif et de répartir sur l'ensemble de la ville les différents types de logements. Les quartiers pauvres, généralement excentrés, peuvent ainsi jouxter les quartiers riches, ceux d'étudiants les zones VIP, et ainsi de suite. Le territoire, ainsi valorisé, ne crée pas un *zoning* excluant.

社会责任型城市

强大的社会凝聚力对于可持续发展而言不可或缺。出于多种原因，一个国家的族群割裂状态可能会严重破坏社会的整体和谐。所以在我们看来，混合型的人口结构至关重要，它可以避免因族群分地而居所导致的城市解体现象。
土地评估有助于上述混合结构的形成。各个街区的地租取决于它们所处的位置以及政府的调控。那些位于沟壑地带边缘或者能够欣赏到绿化带美景的街区均属黄金地段。然而，政府及地产主也可以对土地租赁进行限定，从而在完成社会与功能混合的同时打消中心发散式布局的想法。在那些族群分裂仍旧尤为明显的国家，我们的思路是根据当地居民的生活水平进行人口重组，而这则与我们一贯的做法相反，更具体而言，就是法国在处理涉及保障性住房的社会融合问题时所采用的方法。该思路可以遏制“社群主义”的建构逻辑。然而重要的是，我们需要合理地利用社会分离的观点对城市进行组织，并同时考虑每个个体的生活状况。那些由开发商购得的土地所具有的价值在于可将全城范围内的各类住房进行重新分配。因此，通常远离市中心的贫民区可以临近富人区、学院区、贵宾区，等等，以此类推。这样的布局方式既可使土地增值，还不会衍生出任何形式的隔离区域。

Évaluation foncière >
土地评估图解 >

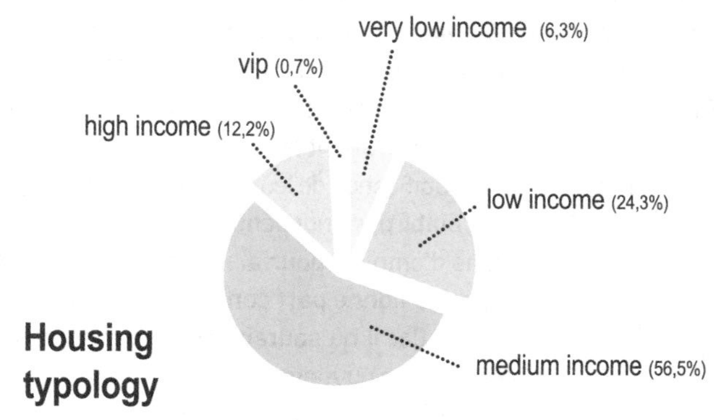

Housing typology

Le choix de marquer socialement la ville peut paraître surprenant. Mais il vaut mieux contribuer à faire émerger des quartiers riches et pauvres, que pérenniser la répartition des populations en fonction d'une ethnie. Dans un certain sens, nous préférons la lutte sociale pacifique à la lutte ethnique aveugle. Toutefois, nous sommes conscients que cette logique n'ira pas de soi et que le réflexe communautaire conservera un rôle prépondérant dans le choix du logement, personne ne pouvant faire fi de la structure sociale actuelle du pays. Mais même si nous ne parvenons pas à générer ce type de mixité, nous aurons au moins produit une logique de non exclusion pour que les populations modestes puissent bénéficier des atouts de la ville au même titre que les autres.

Sans système éducatif accessible et ouvert à l'ensemble de la population, Deh Sabz ne pourra jamais incarner l'avenir de l'Afghanistan. Or actuellement, le niveau scolaire de la jeunesse afghane est mauvais. Avec un taux d'alphabétisation des adultes de plus de 15 ans de l'ordre de 28 %[13], l'Afghanistan fait partie avec le Niger des pays les moins bien lotis en la matière. La présence sur tout le territoire de la ville d'écoles, de collèges, de lycées, de centre de formation professionnelle et d'une université publique est donc indispensable. C'est l'un des axes forts du projet qui ne figurait pas dans la commande.

La construction des équipements scolaires et leur fonctionnement sont à la charge des autorités de la ville. Elles doivent en assumer le coût, l'éducation faisant partie de ce bouquet de services publics offert à la population. La ville aide à la formation des élites qui pourront ensuite redynamiser tout le territoire afghan et participer à sa stabilisation autant économique que politique. Des centres de formation transmettent les techniques modernes de construction afin que la population, notamment les jeunes sans emplois, prennent pleinement part à l'édification de leur ville. Selon le Developpment Plan for Deh Sabz City, établi par l'Independant Board of The Deh Sabz City, plus de 2 millions d'emplois pourraient être créés en dix ans, dont une bonne part concerne la construction de la ville. Car il ne saurait être question ici « d'importer » des ouvriers étrangers, comme cela se fait en Algérie ou dans le golfe Persique. Ce sont les

13 43 % pour les hommes, 13 % pour les femmes, selon le Population Reference Bureau, chiffres 2004-2007.

以社会关系作为城市的标志或许看上去有些出人意料。然而，我们宁愿去发展贫富有别的街区，也不愿依照族群差异来进行人口划分。从某种意义上讲，我们更倾向于和平的社会竞争，而非盲目的族群斗争。然而我们却意识到，实现这样的逻辑并非水到渠成，因为“社群主义”的惯性思维仍会在当地人选择住房时占据主导地位，没有谁能够对阿富汗现有的社会结构视而不见。即便我们最终无法创造诸如此类的混合社群，但至少提供了某种“非排斥性”的城建思路，以便使这里的弱势族群也能像他人一样共同分享城市的种种优点。

倘若无法实现教育普及的话，德赫·萨卜兹将难以代表阿富汗的未来。目前，该国年轻人的受教育程度相对低下，15岁以上人群的识字率仅为28%[13]，这导致阿富汗与尼日尔一并成为了全世界文化水平最低的国家。因此，在城市的各个区域内兴建小学、技校、高中、职业培训中心以及公立大学等教育设施必不可少。虽然未被写进委托计划之中，但教育仍旧是本项目的重要组成部分。

教育设施的建造及运作将由德赫·萨卜兹市的各级行政单位全权负责。由于教育属公共服务范畴，因此他们必须承担与之相关的各类成本。该市将采用精英制培育人才，使他们可以在日后为阿富汗再注活力，促进其经济与政治的稳步发展。各培训中心将传授现代化的建造技术，旨在让当地百姓，尤其是无业青年能够全面参与到城市的建设中来。根据德赫·萨卜兹城市委员会 *(Board of The Deh Sabz City)* 这一独立机构所制定的发展规划，该市将在未来十年内提供就业机会200余万个，而城市建设在其中占有相当大的比重。德赫·萨卜兹无力效仿阿尔及利亚以及波斯湾国家“引进”外籍劳工的政策，而是选择让当地的喀布尔人接受培训，从而获得工作岗位。在社会层面上，

13 根据人口资料局所提供的统计数据 *(2004至2007年)*，在阿富汗，男性识字率为43%，女性为13%。

Kaboulis qu'il faut former et faire travailler. La formation à un savoir-faire technique performant est une clé essentielle du volet social du projet. Elle permet de développer et de pérenniser l'emploi et participe à la redynamisation économique de la région et à terme du pays. L'éducation des jeunes Kaboulis est d'une importance cruciale pour l'aménagement du territoire national.

Parallèlement, Kaboul a besoin d'améliorer radicalement son système de santé et de lutter spécifiquement contre la mortalité infantile et maternelle, qui font partie, avec l'éducation, des objectifs du Millenium. En ce domaine aussi, l'Afghanistan se distingue. Il est en effet le pays au monde où le taux de mortalité infantile est le plus élevé[14], et où la condition des femmes, encore très largement discriminées, est des moins enviable. Le projet répond à ce problème en multipliant les centres d'information et de santé publics à toutes les échelles de la ville.

14 166 pour 1 000 naissances. Source : Population Reference Bureau, étude World Population Data Sheet, 2007.

高水准的专业技能培训可谓本项目的要素之一。它可以在不断拓展，创造就业机会的同时逐渐激发该地区，乃至全国的经济活力。对喀布尔年轻人的教育工作将攸关国家土地治理的成败。

与此同时，喀布尔还需要从根本上改善医疗系统的建设，其中尤其要改善婴儿及产妇死亡率高的现象。在这一方面，整个阿富汗都凸显了这一问题。它与教育一道成为了新千年必须克服的两大桎梏。阿富汗是全球新生儿死亡率居首的国家[14]。在这里，由于歧视妇女的现象依旧相当严重，她们的地位可想而知。为了解决上述问题，本项目将依照城市的布局规模增建公共医疗信息中心。

14 阿富汗新生儿死亡率高达 *166/1000*。数据来源：人口资料局"世界人口数据表"*(World Population Data Sheet), 2007*。

Des déplacements adaptés et durables

Les grandes métropoles des pays développés, dans lesquelles une très grande part des déplacements est assurée par les véhicules individuels motorisés, sont confrontées à des problèmes considérables d'encombrements, de pollution de l'air, de bruits, et de rejets de gaz à effet de serre. L'objectif principal du plan de déplacement de Deh Sabz est d'éviter ces inconvénients et de proposer une politique durable. Il s'appuie sur deux principes : l'utilisation de chaque mode de déplacement pour le type de parcours pour lequel il est le plus pertinent ; une hiérarchisation des voies auxquelles correspondent des vitesses spécifiques.

Vouloir privilégier les modes de déplacement les plus idoines au type de parcours emprunté commande en premier lieu de favoriser leur multiplication. Or, pour l'instant, à Kaboul, ce sont surtout les automobiles et les deux roues qui font le gros du trafic urbain. Quelques transports en commun rudimentaires existent, de même que du fret, mais ils restent peu développés. Quant aux aménagements pour les modes doux (marche à pied, vélo), ils sont inexistants, le vélo étant par ailleurs actuellement peu usité.

Les transports en commun sont l'une des priorités du plan de déplacement de Deh Sabz. D'une part, parce que la population, dont une grande partie dispose de revenus modestes, est faiblement équipée en voiture. D'autre part, parce qu'ils permettent de limiter les nuisances du « tout automobile », qui ont marqué le développement des villes occidentales notamment dans la seconde moitié du XXe siècle.

Les transports publics desservent les grandes infrastructures de la ville (aéroport, université, hôpital, quartier des affaires, quartier commerçant), ainsi que Kaboul. Ils bénéficient de voies réservées sur les grandes artères afin de garantir un haut niveau de performance et pouvoir ainsi rivaliser avec l'automobile et les deux roues. Ils arrivent ainsi pour certains trajets à être plus rapides que les véhicules individuels. Les stations, nombreuses, sont distantes entre

适宜的绿色出行

在发达国家，私家车是大部分都市人青睐的代步工具。然而，这样的选择不仅会导致交通拥堵、空气及噪声污染的出现，还会加剧温室气体的排放。在德赫·萨卜兹项目中，出行方案的设计主旨是避免上述种种不便，并制定出可持续发展的策略。该目标能否实现将取决于下列两个原则：采用各类因“路”制宜的出行方式；依照时速标准划分道路等级。

要想根据道路类型选择最佳出行方式的话，我们就必须首先丰富它们的种类。然而在今天的喀布尔，机动车与双轮摩托车主宰着城市的交通。这里虽然拥有若干公交及货运系统，但仍旧极为落后，也不存在任何“软性”的通勤模式（步行与自行车），自行车更是少之又少。

该规划方案的重点之一便是为德赫·萨卜兹建立公交网络。这一方面是因为当地居民大部分属低收入人群，几乎无力购买轿车，而另一方面则是由于公共交通可以限制“全机动车”所带来的危害。尽管，后者曾是西方各大城市引以为傲的一面旗帜，尤其是在20世纪后半叶。

公交网络将通达该市的主要基础设施（机场、大学、医院、商务区与贸易区）以及喀布尔，并在各条主路上开辟专用车道，从而在保证自身高效运转的同时与机动车及双轮摩托相抗衡。在某些路段，它们甚至比私人轿车更加快捷。城市稠密区内的多处公交站相互间隔300至600米不等，而城郊地区则为1~4公里。

elles de 300 à 600 m dans les zones urbaines denses, et de un à quatre kilomètre dans les zones périurbaines.

Ces transports publics sont assurés dans un premier temps par des lignes d'autocars. Il s'agit de bus à haut niveau de service (HLBS), articulés, qui peuvent convoyer entre 25 000 et 30 000 passagers par jour. Le coût d'un tel réseau est raisonnable et les compétences locales sont à même d'assumer le fonctionnement et la maintenance du réseau. Les lignes principales seront à terme remplacées par des tramways qui exigent des investissements beaucoup plus lourds en termes d'infrastructures et de véhicules.

La nuit, les sites propres des transports en commun sont utilisés pour les livraisons. Ce système a l'avantage de prendre en compte les horaires actuels de travail des livreurs kaboulis et donc de prolonger une pratique locale établie.

Une grande partie des déplacements urbains se fait sur des distances inférieures à 3 km, ce qui correspond à 15 minutes en vélo. Il s'agit donc de favoriser l'usage des modes de déplacements doux en leur dédiant des sites propres (pistes cyclables ou voies réservées) qui seront notamment aménagés sur des « sentiers verts » installés sur les berges des ravines.

上述系统的建立将以公交线路为开端，并配备日载客量在*25000*至*30000*人次之间的高品质铰接式客车。此类公交网络不仅建造成本适中，其运营及维护也可由当地人完成。从长远来看，上述主要线路可逐渐被有轨电车所取代，但这却需要在基础设施与机动车方面加大投入力度。

夜间，这些公交专用道将被用于货物运输，其优势在于通过考虑本地运输人员目前的工作时间延长固有的配送距离。

该市相当一部分的通勤路程均在*3*公里以下，即骑行*15*分钟的距离，这可以鼓励人们选择"软性"出行方式，享用各类专用车道（自行车道或其他专用道），而位于沟壑两侧的"绿色小径"则是其理想的铺设地点。

Le cœur des zones résidentielles, pauvre en voiture, privilégie les déplacements pédestres. Cette solution a l'avantage de pacifier le centre des îlots, permettant ainsi, par exemple, de laisser les enfants jouer dans les ruelles. Il s'agit de réadapter à notre trame urbaine les expériences, extrêmement positives en terme de sociabilité et de réduction des émissions de CO_2, menées à Fribourg-en Brisgau (Allemagne) ou à Malmö (Suède).

L'aménagement des réseaux de voirie est progressif et accompagne le développement de la ville. La dimension des voies et la configuration des intersections (carrefours giratoires) visent à modérer les vitesses de circulation et à réduire l'insécurité routière. Le réseau est conçu de manière à obtenir une vitesse de 60 km/h sur les routes principales, vitesse qui optimise le trafic routier.

Le périphérique, qui entoure la nouvelle ville d'est en ouest en passant par le nord, pourrait à terme englober la ville historique par le sud ainsi que le propose les études de JICA. Il reçoit une circulation de transit et permet de pénétrer dans Deh Sabz, essentiellement par l'est, grâce à une dizaine de connexions. Il dispose de 2 x 3 voies dont deux (une par sens, côté bande d'arrêt d'urgence) sont réservées aux transports publics. La vitesse y est limitée entre 90 et 110 km/h et les intersections, rares, sont assurées par de grands ronds-points. Des parkings sont disposés aux portes de la ville à proximité des terminus des grandes lignes de transports publics. Un tunnel, créé entre l'actuel Kaboul et la ville nouvelle, est réservé aux transports en commun, aux taxis et aux services publics (d'urgence notamment).

由于各住宅区内的中心地带车辆较少，因此我们将以建设步行空间为主。该方案的优势在于能够营造出宁静怡人的氛围，例如这里的条条街巷可以成为孩子们玩耍的乐园。因此，我们需要参考往昔在弗莱堡(德国)与马尔默(瑞典)的成功经验，借鉴其在二氧化碳减排与社会性方面的斐然成就，并使之与德赫·萨卜兹的城市建网融会贯通。

道路系统将伴随城市发展的脚步渐渐得到完善。车道宽度与路口结构(环形交叉路)的设计旨在限制车辆行驶速度，降低行车风险。该系统可使主路车速达到公路交通的最佳时速——60公里/小时。

日本国际协力事业团在研究报告中建议，将由东向西延伸、围绕新城北部的环状地带继续向南拓展。作为行驶车辆的中转站，人们可以在经由此地时利用集中在城东的十余处交叉路口进入德赫·萨卜兹。这里的环城公路拥有2x3车道，其中两道(逆向，靠近路肩)为公交专线，限速90至110公里/小时，并在大型环岛处设置少量交叉路口。停车场位于城市周边地带，并与公交干线的终点站相邻。此外，将喀布尔与新城相连的隧道可用于公交车、出租车与公共服务车辆的通行(尤其是应急用车)。

69.24937° (E)
34.66664° (N)
ZA1
ZA2
ZI
ZV
ZR
ZP1
ZP2
NR
NL
N
U

Il existe plusieurs types de voies dans la ville. Les routes principales (40 m de large) réservent deux voies (une par sens) aux transports publics à haut niveau de service en leur centre. Ces deux voies sont entourées de chaque côté par deux autres, d'une double contre-allée pour la circulation résidentielle et les vélos. La vitesse est limitée entre 50 et 60 km/h. La majorité du réseau est sinon composée de routes (deux voies, une dans chaque sens, 28 m de large) empruntées par les transports publics classiques et dédiés à la circulation résidentielle. La vitesse est, là aussi, limitée entre 50 et 60 km/h. Moins large (17 m), les routes de quartier (deux voies), sont complétées par les dessertes de voisinage, semi piétonnes (10 à 15 km/h), laissées à l'initiative des promoteurs responsables de la construction des quartiers.

Le développement de modes de déplacement doux et l'inflexion mis sur des transports publics efficaces pouvant rivaliser avec les automobiles contribuent à réduire la consommation totale de carburant de la ville. La qualité de l'air s'en trouve améliorée, et Deh Sabz réduit d'autant ses émissions de gaz à effet de serre dues au transport.
La conception du réseau viaire minimise les coûts d'exploitation et s'avère être la plus efficace possible. Les carrefours sont aménagés en giratoires, solution qui assure par ailleurs la plus grande sécurité. La totalité du réseau viaire est maintenu au niveau du sol. Il n'existe ainsi quasiment aucune signalisation électrique, ni aucun ouvrage d'art ou carrefour géré par des échangeurs dénivelés. D'une part, parce que ces édifices sont trop chers à construire et à entretenir. D'autre part, parce qu'ils représentent des « cibles » trop faciles à détruire qui isoleraient la ville en cas de conflit.

在市内的若干道路类型中，(宽40米的) 主干道可为高品质公交车辆提供两条紧邻中间带的专用车道 (逆向)，而在两车道周围则各有两条单行道以及一条用于自行车与住宅区交通的双向道，限速50至60公里/小时。除此之外，这里的大部分道路(28米宽的逆向双车道) 还可服务于传统的公交系统，并格外重视住宅区交通，其时速同样被限制在50至60公里之间。相对较窄 (17米) 的街区道路 (双车道) 则有半步行式的住宅车道 (10至15公里/小时) 作为补充，并由街区开发商负责营建。

"软性"交通的发展以及对高效公交系统的逐步认识使得它们可与轿车匹敌，这样的举措不仅可以减少城市在碳氢燃料上的消耗，改善空气质量，还可以大幅降低因交通发展而来的温室气体排放。
这样的道路系统设计不仅能够尽量节约开发成本，还展现出了无可比拟的高效性。另外，将十字路口改建为环形交叉路可以最大限度地解决道路安全问题。道路系统的整体建造将根据地貌而定。因此，这里几乎不存在任何形式的电信号设备、人类杰作(桥梁、隧道) 以及多层立体式的交叉路口。这一方面是由于它们的建造及维护费用过高，另一方面则是一旦冲突爆发，此类建筑会瞬间成为被打击的"对象"，从而导致城市分崩离析。

Un scénario énergétique

L'Afghanistan a l'un des taux de consommation énergétique par habitant le plus bas au monde. En raison du développement économique de la ville, les experts prévoient une hausse de la consommation à un niveau intermédiaire. L'objectif de la nouvelle ville est de devenir pleinement autonome sur le plan énergétique et de produire autant d'énergie durable que possible.
La stratégie développée repose sur le concept de *Trias Energetica* qui permet d'aboutir au système le plus efficace possible. Il s'appuie sur trois principes :
1. Maintenir la demande énergétique à un niveau le plus bas possible.
2. Utiliser autant d'énergies renouvelables que possible.
3. Utiliser efficacement l'énergie fossile pour la demande restante.
Le scénario énergétique a été conçu en tenant compte des possibilités et des particularités du site, riche en opportunités. Il repose sur un principe : moins consommer (grâce aux normes de construction et aux règles urbaines) et mieux consommer. À terme la ville sera approvisionnée avec 90 % d'énergies présentant un bilan carbone neutre (éolien, solaire, géothermie, combustion de déchets, hydraulique).

Au cours des cinq premières années, la chaleur et l'électricité sont fournies par de petites unités de production décentralisées fonctionnant au diesel. Chacune alimente quatre blocs de 300 x 300 m. Cependant, on peut considérer que d'ores et déjà plus d'un tiers de l'énergie est durable grâce aux systèmes de stockage de l'énergie utilisés pour le chauffage et le refroidissement des bâtiments et grâce aux éoliennes. Lors des phases ultérieures, un quadrillage des réseaux électriques et de chauffage par des sources d'énergies renouvelables est établi par quartier. Dès la cinquième année, l'indice de durabilité augmente fortement pour arriver à 90 % d'énergie neutre en terme de CO_2. Le parc éolien est quasiment achevé, de même que les centrales géothermiques, la centrale et la ferme solaires, et les unités de production utilisant les déchets et la biomasse. Durant la phase finale, des centrales conventionnelles d'énergies fossiles sont construites afin de répondre aux pics de demande.

能源方案

阿富汗是全球人均能耗率最低的国家之一。然而，相关专家预测，迫于经济发展的需要，德赫·萨卜兹对能源的依赖将会逐级上升，并达到中等水平。因此，这座新城将以实现能源的自给自足为目标，并尽量生产可持续利用的能源。
该发展战略将遵循"能源利用三步分析原则"(*Trias Energetica*)，旨在建立卓有成效的能源系统：
1. 尽量降低能源需求；
2. 尽量采用可再生能源；
3. 在必须使用化石能源的情况下，应尽量提高其利用率。
上述能源方案将会考虑该地区所具有的种种可能性及特殊性，并以下列原则为实施基础：(利用建造标准及城建法规) 实现节约用能，高效用能。在未来，该市90%的能源将为中性碳能源 (风能、太阳能、垃圾能及水能)。

在项目启动后的前五年内，城市的供热及供电将由分散在各地、以柴油为动力的小型生产单元来完成，每一单元均可为四处300 米x 300米的地块提供服务。然而，得益于可为建筑物加热、降温的储能系统与风能，可持续能源所占的比重将有望超过总量的三分之一。随后，我们将为各个街区铺设以再生能源为主体的格状电网与供热系统，从而在工程进入第五年时大幅提升能源的可持续指数，直至达到90%的低碳能源使用率。到那时，几近完工的风力发电厂、地热中心、太阳能电站与农场以及上述生产单元将使用垃圾焚烧与生物能进行供电。作为工程的收尾，我们将建造传统的化石能源发电厂，旨在满足高峰时的用电需求。

Cette stratégie permet de maintenir les investissements initiaux à un bas niveau, en développant l'approvisionnement électrique selon la croissance de la ville, soit l'exact contraire de ce qui se fait aujourd'hui. Avec 25 à 30 % de la capacité de production des sources d'énergies renouvelables, 75 % à 85 % de la demande énergétique de la ville est couverte. Le reste est fourni par les systèmes conventionnels gaz ou diesel.
Cette quasi autonomie énergétique, cruciale pour Deh Sabz, est obtenue grâce au panachage des énergies renouvelables et aux centrales thermiques de proximité, en cogénération. La décentralisation énergétique en constitue la clé de voûte.

Inventif sur son volet énergétique, Deh Sabz est aussi un projet novateur pour sa gestion du cycle de l'eau. La gestion intégrale du cycle de l'eau devrait ainsi permettre aux habitants de Deh Sabz de consommer deux fois moins d'eau que ceux d'une grande métropole occidentale comme Paris tout en ayant des consommations par habitant proche de celles que l'on connaît en occident.

Si l'apport principal de la ressource est assuré par la construction de conduites acheminant l'eau captée dans les zones montagneuses du Panshir où seront construits, par la suite, des barrages, l'apport secondaire provient des eaux de ruissellement et de pluie que le projet urbain « domestique » grâce à des ravines aménagées en terrasses.
Ces eaux de ruissellement, dont le débit est ralenti par les ravines, permettent de fertiliser ces bandes de terre afin, dans un premier temps, de servir de pépinière à la ville, notamment pour la végétation du parc central et celle de la ceinture verte. Outre cette fonction, les ravines ont aussi un rôle actif dans le retraitement de l'eau grâce à un processus naturel de phyto-épuration. Cette eau brute se déverse ensuite dans le plan d'eau réservoir du parc central. Parallèlement, les eaux usées sont collectées par des canalisations jusqu'aux trois stations d'épuration qui entourent le parc. Elles rejoignent ensuite elles aussi le lac qui les redistribue à la ville et à sa périphérie pour des usages agricoles.

上述策略不仅可以使初期的投入维持在较低水平，还可根据城市的发展进程适时加大电量供应，而这恰恰与今天的惯例相反。我们仅需使用可再生能源产量的*25%*至*30%*便可满足城市总耗能的*75%*至*85%*，而剩余部分则由常规的油气发电系统予以补充。
对于德赫·萨卜兹而言，达到近百分之百的能源独立显得尤为关键，它将通过可再生能源以及邻近火力发电厂的混合利用得以实现。因此，能源的分散化将成为其中的重中之重。

德赫·萨卜兹项目在节能方面的另一项革新举措涉及水循环管理。与包括巴黎在内的西方大都会相比，对水循环进行统一管理的德赫·萨卜兹可减少用水四分之一之多，而人均供应量却与西方的城市居民相差无几。

该市的供水主要依靠潘希尔山区的调水引流以及随后的筑坝蓄水工程。不仅如此，已为本城建项目所用的径流水及雨水还可为该市的二次供水提供保障，而这主要归功于沟壑变台地的改造措施。
在流经沟壑地带时速度将有所减缓的径流水可为狭长的土地带去丰沛的养料，从而在第一时间浇灌城市的苗木，特别是中央公园以及绿化带内的各类植被。除去该用途外，沟壑地带还在水处理方面扮演着积极的角色，而这要得益于它们所具有的天然植物净水功能。随后，这些未经人工处理的水体将会流入中央公园的水库内。与此同时，通过管道系统收集而来的废水会进入公园四周的三座水处理站。最终，这些净化水将被送至湖泊水库内，以便为城市及苗圃区提供农业用水。

Quant à l'eau issue des futurs barrages du Nord, elle sert à alimenter la nouvelle ville mais aussi Kaboul en eau potable. Une partie de celle-ci est par ailleurs stockée dans d'immenses réservoirs enterrés sur les flans des collines entourant la nouvelle ville. Des éoliennes, positionnées sur la ligne de crêtes, fournissent l'électricité nécessaire au pompage. Grâce à ces réservoirs, il sera possible de réguler le débit des ravines de façon à les alimenter en eau toute l'année. Le nombre d'éoliennes signifiera aux habitants de Kaboul le niveau de développement de la nouvelle ville. Plus elles seront nombreuses, plus celle-ci sera développée.

Un cycle vertueux pourra alors commencer lorsque l'eau commencera à s'infiltrer pour alimenter la nappe phréatique. Aujourd'hui aride, hormis quelques zones cultivées près des reliefs, le plateau de Deh Sabz devrait d'ici quelques années se zébrer de coulées vertes bordées d'arbres fruitiers, d'une ceinture verte dense et d'un parc central arboré. C'est la conception même de la ville qui permet d'offrir un nouveau biotope à ce territoire. Deh Sabz, à la différence de la quasi-totalité des villes, n'appauvrit pas son territoire. Au contraire, elle le magnifie puisque c'est l'organisation même de la ville qui participe à l'établissement d'un cycle pérenne de l'eau.

将被建造在该国北部的水坝可为新城以及喀布尔提供饮用水。另外，其中的一部分水将会被储存在环城山丘坡面下的巨大合水层内。沿山脊线排列的风力机将向泵汲设备输送必要的电力。因此，人们可以凭借这些水库对沟壑地带的水流量进行调节，以保证全年的持续供水。对于喀布尔居民来说，风力发电机的多寡代表着新城的发展速度，其数量与建设步伐成正比。

一旦水体渗入土地，并逐渐提升地下水位时，即意味着良性循环的开始。除去那些靠近起伏地势的区域之外，荒芜的德赫·萨卜兹高原将会在未来几年内布满一道道果树成林的漫步长廊、植被繁茂的绿化带以及秀木成荫的中央公园。正是如此的城建理念可赋予这片疆域全新的群落生境。与绝大部分城市不同，德赫·萨卜兹的土地不仅不会贫瘠，反而会愈发富饶，这是因为城市的组织形式将益于建立持久的水循环系统。

Les centrales de production d'énergie de Deh Sabz
德赫·萨卜兹能源生产单位

Renouvelables
可再生能源

Centrale d'énergie solaire employée pour la production électrique
太阳能发电 .... **390** MWe 兆瓦

Energie solaire décentralisée employée pour la production de chaleur
分散式太阳能发热 .... **50** MWth 兆瓦

Energie géothermale employée pour la chaleur et l'électricité
地热能发热与发电 .... **550** MWth 兆瓦, **600** MWe 兆瓦

Parc d'éoliennes employé pour l'électricité
风力发电 .... **100** MWe 兆瓦

Centrale de recyclage des déchets en énergie (biomasse)
垃圾能（生物能）发热与发电 .... **160** MWth 兆瓦, **250** MWe 兆瓦

Stockage de l'énergie thermale et aquifère
含水层储热与储冷 .... **1020** MWth heat 兆瓦（高位热源）, **725** MWth cold 兆瓦（低位热源）

Fossiles
化石能源

Pompes à chaleur
热泵 .... **410** MWth heat 兆瓦（高位热源）, **330** MWth cold 兆瓦（低位热源）

Production décentralisée de chaleur et d'énergie électrique (diesel)
分散式（柴油）发热与发电 .... **470** MWth 兆瓦, **370** MWe 兆瓦

Production centralisée de chaleur et d'énergie électrique (gaz)
集中式（气体）发热与发电 .... **2510** MWth 兆瓦, **1950** MWe 兆瓦

Refroidissement adiabatique16 et naturel de l'air extérieur
外气绝热冷却16与自然冷却 .... **390** MWth cold 兆瓦（低位热源）

Réseau de chauffage/refroidissement par quartier
街区加热/降温系统

annexes

附录

Fiches techniques

Aménagement de la péninsule de Yuzhong, Chongqing, Chine

MAÎTRE D'OUVRAGE Chongqing Urban Planning Bureau
ARCHITECTE URBANISTE AS.Architecture-Studio
SURFACE TOTALE 440 ha
CONCOURS 2002, lauréat
PROGRAMME Aménagement de la péninsule de Yuzhong, en centre ville, avec une réflexion sur le paysage, le paysage construit, les circulations

[→ 182-183]

Aménagement du centre-ville, Tirana, Albanie

MAÎTRE D'OUVRAGE Municipalité deTirana
ARCHITECTE URBANISTE AS.Architecture-Studio
CONCOURS INTERNATIONAL 2003, lauréat
PROGRAMME Conception urbaine du centre-ville de Tirana. Les changements politiques, économiques et sociaux que l'Albanie rencontre ces dernières années ont accéléré le développement de la capitale. Actuellement, Tirana traverse une période transitoire qui sera décisive pour le futur de la ville. De nouvelles orientations sont nécessaires pour favoriser sa croissance et sa modernisation. Ces aspects font partie intégrante du projet de développement urbain

[→ 192-199]

Aménagement du quartier Malepère, Toulouse

MAÎTRE D'OUVRAGE Ville de Toulouse
ARCHITECTE URBANISTE AS.Architecture-Studio
BET Saunier & Associés
ENVIRONNEMENT Éco-Cités
PAYSAGE Agence Babylone
SURFACE 90 ha
CONCOURS 2007
LIVRAISON 2017
PROGRAMME Création d'une ZAC à caractère mixte permettant d'accueillir plus de 7000 logements et 71 000 m^2 de surface d'activités commerciales et tertiaires

[→ 180-181]

Aménagement urbain du quartier Parc Marianne, Montpellier

MAÎTRE D'OUVRAGE Ville de Montpellier
ARCHITECTE URBANISTE AS.Architecture-Studio
ARCHITECTE ASSOCIÉ Imagine
PAYSAGE Carrés Verts
BET Beterem Infra
SURFACE 7 ha
COÛT 7 M €
CONCOURS 2003, lauréat
LIVRAISON 2010
PROGRAMME 1 000 logements, 5 000 m^2 de bureaux, 8 000 m^2 d'activité-commerce

[→ 184-187]

Centre commun de recherche de la Commission européenne, Ispra, Italie

MAÎTRE D'OUVRAGE Commission européenne
ARCHITECTE AS.Architecture-Studio
BET Tekne spa
Hilson Moran Ltd
SURFACE 28 000 m^2
COÛT 63 M €
CONCOURS 2006, lauréat
PROGRAMME Complexe de recherche dédié aux biotechnologies, à l'environnement et à la sécurité, ainsi qu'un bâtiment comprenant des salles de réunion, deux restaurants et une cafétéria

[→ 075]

Centre culturel Onassis, Athènes, Grèce

MAÎTRE D'OUVRAGE Alexander S. Onassis Foundation, Ariona S.A
ARCHITECTE MANDATAIRE AS.Architecture-Studio
ARCHITECTE ASSOCIÉ AETER
BET OMETE SA, Seismomononosis SA, LDK, BE Louis Choulet, Arcora,
SCÉNOGRAPHIE Theatre Projects Consultants
ACOUSTIQUE Xu Acoustique
SURFACE 20 000 m^2
COÛT 38 M €
CONCOURS 2002, lauréat
LIVRAISON 2010
PROGRAMME Fondation comprenant un opéra-théâtre de 1000 places, un auditorium-salle de conférences, un cinéma de 200 places, un amphithéâtre en plein air de 200 places, une bibliothèque, un restaurant, une salle d'exposition

[→ 048 / 096-105]

Centre culturel, Mascate, Sultanat d'Oman

MAÎTRE D'OUVRAGE Sultanat d'Oman
ARCHITECTE AS.Architecture-Studio
ARCHITECTE ASSOCIÉ Gulf Engineering Consultancy
BET Setec Bâtiment
PAYSAGE Michel Desvigne
ACOUSTIQUE AVA
STRATÉGIE ENVIRONNEMENTALE Éco-Cités
ÉCONOMIE Sodexset
SURFACE 40 000 m^2
COÛT 100 millions $
CONCOURS INTERNATIONAL 2008
LIVRAISON 2013
PROGRAMME Réalisation d'un nouveau pôle urbain réunissant les Archives nationales, la Bibliothèque nationale et le Théâtre national d'Oman à l'entrée principale de Mascate

[→ 066]

技术资料

渝中半岛规划计划，中国重庆

委托方 重庆市规划局
建筑设计/城市规划 法国AS建筑工作室
工程总面积 *440* 公顷
项目竞标 *2002*年，中标
项目描述 渝中半岛城区规划，其中涉及城市景观设计、现有景观分析及交通。

[→ 182-183]

地拉那市中心规划，阿尔巴尼亚

委托方 地拉那市政府
建筑设计/城市规划 法国AS建筑工作室
国际项目竞标 *2003*年，中标
项目描述 地拉那市中心规划设计。近年来，阿尔巴尼亚在政治、经济与社会方面的变革加速了这座首府城市发展的脚步。目前，地拉那正处于打造城市未来的关键时期。全新的发展方向将益于该市的成长与现代化进程。上述各个方面均属于本城建项目不可分割的一部分。

[→ 192-199]

马尔贝尔区规划，图卢兹

委托方 图卢兹市
建筑设计/城市规划 法国AS建筑工作室
技术支持 *Saunier & Associés*
环境顾问 *Éco-Cités*
景观设计 *Agence Babylone*
建筑面积 *90* 公顷
项目竞标 *2007* 年
交付日期 *2017* 年
项目描述 混合型商定发展区，可提供*7000*余套住房及*71000*平方米商服用地。

[→ 180-181]

玛丽亚娜公园区城市化规划，蒙彼利埃

委托方 蒙彼利埃市
建筑设计/城市规划 法国AS建筑工作室
合作建筑设计 *Imagine*
景观设计 *Carrés Verts*
技术支持 *Beterem Infra*
建筑面积 *7* 公顷
工程造价 *7* 百万欧元
项目竞标 *2003*年，中标
交付日期 *2010*年
项目描述 住房*1000*套，办公区面积*5000*平方米，商用面积*8000*平方米。

[→ 184-187]

*Ispra*联合研究中心，意大利伊斯普

委托方 欧盟委员会
建筑设计 法国AS建筑工作室
技术支持 *Tekne spa*与*Hilson Moran Ltd*
建筑面积 *28000* 平方米
工程造价 *6300*万欧元
项目竞标 *2006*年，中标
项目描述 该建筑群包括用于生物技术、环境与安全的研发中心以及若干会议室、两家餐厅与一家自助快餐厅。

[→ 075]

奥纳西斯艺术中心，希腊雅典

委托方 （亚历山大·S）奥纳西斯基金会与*Ariona S.A*
主要建筑设计 法国AS建筑工作室
合作建筑设计 *AETER*
技术支持 *OMETE SA*、*Seismomononosis SA*、*LDK*、*BE Louis Choulet*与*Arcora*
场景设计 *Theatre Projects Consultants*
声学顾问 *Xu Acoustique*
建筑面积 *20000*平方米
工程造价*3800*万欧元
项目竞标 *2002*年，中标
交付日期 *2010*年
项目描述 该基金会拥有歌剧院（*1000*人）、会议室、电影院（*200*人）、露天圆形剧场（*200*人）、图书馆、展览厅与餐厅各一处。

[→ 048 / 096-105]

马斯喀特文化中心，阿曼

委托方 阿曼政府
建筑设计 法国AS建筑工作室
合作建筑设计 *Gulf Engineering Consultancy*
技术支持 *SETEC Bâtiment*
景观设计 *Michel Desvigne*
声学顾问 *AVA*
环境战略 *Éco-Cités*
经济顾问 *SODEXSET*
建筑面积 *40000*平方米
工程造价 *1*亿美元
国际项目竞标 *2008*年
交付日期 *2013*年
项目描述 将国家档案馆、图书馆以及位于马斯喀特主入口处的阿曼国家剧院齐聚一地的全新活中心。

[→ 066]

Centre de recherche, Shanghai

MAÎTRE D'OUVRAGE Jinqiao Group
ARCHITECTE AS.Architecture-Studio
SURFACE 26 955 m²
CONCOURS 2006
LIVRAISON 2010
PROGRAMME Complexe de bureaux, restaurants, équipements de sport
[→ 128-131]

Centre de recherche, de développement et de qualité, Danone Vitapole, Palaiseau

MAÎTRE D'OUVRAGE Danone Vitapole
ARCHITECTE AS.Architecture-Studio
BET Choulet, Martin, Babinot
PAYSAGE Françoise Arnaud
ACOUSTIQUE AVA
ÉCONOMIE Cyprium
SURFACE 30 000 m²
COÛT 35 M €
CONCOURS 2000, lauréat
LIVRAISON 2002
Prix environnement 2007 des entreprises de l'Essonne, catégorie intégration paysagère
PROGRAMME Centre de recherche comprenant des ateliers de recherche et de développement, des laboratoires et des bureaux
[→ 050 / 072-074 / 106-109]

Centre pénitentiaire, Saint-Denis-de-la-Réunion

MAÎTRE D'OUVRAGE État et Ministère de la Justice, AMOTMJ
ARCHITECTE AS.Architecture-Studio
ARCHITECTE ASSOCIÉ Agence Delcourt
ENTREPRISE Léon Grosse
BET OTH Bâtiments
CONSULTANT Pierre Pommier
SURFACE 24 000 m²
COÛT 70 M €
CONCOURS 2004, lauréat
LIVRAISON 2008
PROGRAMME Conception et réalisation de la maison d'arrêt de La Réunion pour 600 détenus
[→ 080-082 / 144-147]

Collège Guy-Dolmaire, Mirecourt

MAÎTRE D'OUVRAGE Conseil général des Vosges
ARCHITECTE MANDATAIRE AS.Architecture-Studio
ARCHITECTE ASSOCIÉ O. Paré
BET Choulet, Sylva Conseil, BETMI
ACOUSTIQUE AVA
ÉCONOMIE Lucigny et Talhouet
SIGNALÉTIQUE Gavrinis
SURFACE 10 000 m²
COÛT 10,4 M €
CONCOURS 1999, lauréat
LIVRAISON 2004
Prix Observ'ER « bâtiment tertiaire » 2006
PRIX « Habitat solaire Habitat d'aujourd'hui 2005-2006 »
Les Lauriers de la Construction Bois 2006 « Bâtiment collectif »
Mention spéciale du Ruban vert de la qualité environnementale pour la démarche globale et la valorisation de la filière bois 2007
PROGRAMME Collège pour 800 élèves comprenant des locaux pédagogiques, un centre de documentation et d'information, un terrain sportif, un observatoire astronomique, cinq logements de fonction, un restaurant de 300 couverts
[→ 058-059 / 090-095]

Concept Qualité Habitat Énergie TIKOPIA

MANDATAIRE Quille
ARCHITECTE AS.Architecture-Studio
BET FLUIDES Alto
ÉCONOMIE Quille
ENVIRONNEMENT Éco-Cités
CONCOURS 2007, lauréat
PROGRAMME Programme de recherche du PUCA pour des concepts d'habitat à très haute performance énergétique
[→ 086]

École des Mines, Albi

MAÎTRE D'OUVRAGE Ministère de l'Industrie et du Commerce extérieur
Direction départementale de l'Équipement du Tarn
ARCHITECTE AS.Architecture-Studio
ARCHITECTE ASSOCIÉ G. Onesta
BET Sogelerg Sogreah, Betem Enginerring
SURFACE 35 000 m²
COÛT 28,8 M €
CONCOURS 1993, lauréat
LIVRAISON 1995
PROGRAMME Laboratoires, centre de recherche en chimie, énergie, dépollution, halles d'expérimentation, locaux administratifs, bibliothèque, logements des élèves et de fonction, restaurant, gymnase, amphithéâtre et terrains de sport (rugby, football...)
[→ 049]

École des beaux-arts et d'architecture, La Réunion

MAÎTRE D'OUVRAGE Ville du Port
ARCHITECTE AS.Architecture-Studio
ARCHITECTE ASSOCIÉ Agence Delcourt
BET OTH Développement
SURFACE 2 600 m²
COÛT 3,246 M €
CONCOURS 1999, lauréat
LIVRAISON 2002
PROGRAMME École pour 100 étudiants comprenant administration, amphithéâtre, bibliothèque, ateliers et cafétéria
[→ 110-113]

研发中心，上海

委托方 金桥集团
建筑设计 法国AS建筑工作室
建筑面积 26955平方米
项目竞标 2006年
交付日期 2010年
项目概述 综合办公楼、餐厅及运动设施。

[→ 128-131]

达能集团研发与质量中心，帕莱索

委托方 达能 Vitapole
建筑设计 法国AS建筑工作室
技术支持 Choulet、Martin与Babinot
景观设计 Françoise Arnaud
声学顾问 AVA
经济顾问 Cyprium
建筑面积 30000平方米
工程造价 3500万欧元
项目竞标 2000年，中标
交付日期 2002年
所获奖项 2007年"埃松环保企业"奖——综合景观类
项目描述 用于研发、实验与办公的综合型科研中心。

[→ 050 / 072-074 / 106-109]

圣-丹尼拘留所，留尼旺

委托方（留尼旺）司法总局工程管理委员会
建筑设计 法国AS建筑工作室
合作建筑设计 Delcourt Agency
合作企业 Léon Grosse
技术支持 OTH Bâtiments
项目顾问 Pierre Pommier
项目顾问 24000平方米
工程造价 7000万欧元
项目竞标 2004年，中标
交付日期 2008年
项目描述 设计并建造可容纳600名服刑人员的留尼旺拘留所。

[→ 080-082 / 144-147]

居伊-多勒麦尔中学，密尔古

委托方 孚日省委员会
建筑设计 法国AS建筑工作室
合作建筑设计 O. Paré
技术支持 Choulet、Sylva Conseil与BETMI
声学顾问 AVA
经济顾问 Lucigny Talhouet
建筑标识 Gavrinis
建筑面积 10000平方米
工程造价 1400百万欧元
项目竞标 1999年，中标
交付日期 2004年
所获奖项 2006年获得由可循环能源组织颁发的"服务类建筑"奖
2005-2006年度"阳光住宅与今日住宅"奖
2006年法国"木结构建筑综合建筑类"大奖
2007年"绿带"大奖与"绿带环境质量保护"特别奖
项目描述 该校可容纳学生800名，并拥有多间教室以及一座信息资料中心、运动场、五处教职工住宅与可供300人就餐的食堂。

[→ 058-059 / 090-095]

高能效型住宅的概念设计，提柯皮亚

委托方代表 Quille
建筑设计 法国AS建筑工作室
建筑设备顾问 Alto
经济顾问 Quille
环境顾问 Éco-Cités
项目竞标 2007年，中标
项目描述 高能效型住宅的概念设计（城市规划、建造与建筑学研究中心，PUCA）。

[→ 086]

矿业学院，阿尔比

委托方（法国）工商部与塔恩省装备局
建筑设计 法国AS建筑工作室
合作建筑设计 G. Onesta
技术支持 Sogelerg Sogreah、Betem Enginerring
建筑面积 35000平方米
工程造价 2880万欧元
项目竞标 1993年，中标
交付日期 1995年
项目描述 该学院包括实验室与化学、能源、防污染科研中心、试验区、行政办公室、图书馆、学生公寓、功能性住房、餐厅、健身房、阶梯教室以及（橄榄球、足球）运动场。

[→ 049]

建筑艺术学院，留尼旺

委托方（留尼旺）珀尔市
建筑设计 法国AS建筑工作室
合作建筑设计 Agence Delcourt
技术支持 OTH Développement
建筑面积 2600平方米
工程造价 324.6万欧元
项目竞标 1999年，中标
交付日期 2002年
项目描述 该学院可容纳100名学生，拥有行政办公区、阶梯教室、图书馆、工作室与自助餐厅。

[→ 110-113]

École supérieure d'art, Clermont-Ferrand

MAÎTRE D'OUVRAGE Clermont Communauté
ARCHITECTE AS.Architecture-Studio
ARCHITECTES ASSOCIÉS Bourbonnais-Jacob, Intersite, Atelier réalité
BET ITC, Choulet
ACOUSTIQUE AVA
ÉCONOMIE Éco-Cités
SURFACE 6 000 m²
COÛT 6,9 M €
CONCOURS 2001, lauréat
LIVRAISON 2005
PROGRAMME École pour 500 étudiants, bibliothèque et logements pour artistes invités
[→ 051-053 / 122-127]

École supérieure de commerce Novancia, Paris

MAÎTRE D'OUVRAGE Chambre de Commerce et d'Industrie de Paris Direction des Affaires Immobilières
ARCHITECTE MANDATAIRE AS.Architecture-Studio
BET Arcoba
ÉCONOMIE ET HQE Éco Cités
ACOUSTIQUE AVA
SURFACE TOTALE 22 360 m² (parkings compris)
COÛT 34 M € HT (valeur marché)
CONCOURS 2006, lauréat
LIVRAISON 2011
PROGRAMME Restructuration et extension de l'école de 1555 élèves, construction d'un ensemble immobilier : 3 amphithéâtres (2 x 70 places et 1 x 90 places), auditorium de 300 places, plateau de tournage, espaces de restauration, bâtiment de bureaux indépendant
[→ 114-121]

Église Notre-Dame-de-l'Arche-d'Alliance, Paris 15e

MAÎTRE D'OUVRAGE Association diocésaine de Paris, Association Alliance Réalisation, S.C.I.C. A.M.O.
ARCHITECTE AS.Architecture-Studio
BET Noble Ingénierie, Séca Structure
ACOUSTIQUE AVA
SURFACE 1 600 m²
COÛT 3,2 M €
COMMANDE 1986
LIVRAISON 1998
PROGRAMME Église pour 450 paroissiens et presbytère de 4 logements
[→ 006-007]

Écovillage, Bouchemaine

MAÎTRE D'OUVRAGE Le Toit Angevin
ARCHITECTE URBANISTE AS.Architecture-Studio
SURFACE 10 ha
ÉTUDES 2006
LIVRAISON 2009
PROGRAMME 100 logements BBC dans un quartier environnemental
[→ 178-179]

Écoquartier du Fort numérique, Issy-les-Moulineaux

MAÎTRE D'OUVRAGE Ville d'Issy-les-Moulineaux
AMÉNAGEUR SEMARI
PROMOTEURS Bouygues Immobilier, Kaufman&Broad, Meunier, Vinci, Semads, SNI
ARCHITECTE URBANISTE AS.Architecture-Studio
PAYSAGE Méristème
SURFACE À AMÉNAGER 12,5 ha
SURFACE À CONSTRUIRE 110 000 m²
COÛT 129,5 M €
CONCOURS 2001, lauréat
LIVRAISON 2011
PROGRAMME Transformation du fort militaire en un nouveau quartier de ville comprenant un grand parc, 1 200 logements, des parkings pour 1 520 places, une école élémentaire et une école maternelle, l'extension du collège de la Paix
[→ 188-191]

Extension du campus d'HEC, Saclay

MAÎTRE D'OUVRAGE Chambre de commerce et d'industrie de Paris
ARCHITECTE AS.Architecture-Studio
BET HQE Éco-Cités
BET TCE Arcoba
ACOUSTIQUE AVA
ÉCONOMIE Éco-Cités
SURFACE 8 400 m²
COÛT 16,5 M €
CONCOURS 2007
PROGRAMME Ensemble immobilier à l'entrée du campus d'HEC
[→ 057]

Hôpital Sheikh Khalifa, Casablanca, Maroc

MAÎTRE D'OUVRAGE Municipalité d'Abu Dhabi
ARCHITECTE AS.Architecture-Studio
BET Jacobs France
ÉCONOMIE Éco-Cités
SURFACE 50 000 m²
COÛT 100 M €
CONCOURS 2008, lauréat
LIVRAISON 2012
PROGRAMME Hôpital de 280 lits
[→ 067]

Institut du monde arabe, Paris

MAÎTRE D'OUVRAGE Institut du monde arabe
ARCHITECTE AS.Architecture-Studio
BET Setec Bâtiment
SURFACE 27 000 m²
COÛT 38 M € HT
CONCOURS 1981
LIVRAISON 1987
PROGRAMME Lieu d'exposition dédié à la culture arabe comprenant auditorium de 350 places, salles d'exposition et bibliothèque médiathèque
[→ 046]

艺术学校，
克莱蒙-费朗

委托方 克莱蒙市委员会
建筑设计 法国AS建筑工作室
合作建筑设计 *Bourbonnais-Jacob*、*Intersite*与*Atelier Réalité*
技术支持 *ITC*与 *Choulet*
声学顾问 *AVA*
经济顾问 *Éco-Cités*
建筑面积 *6000*平方米
工程造价 *690*万欧元
项目竞标 *2001*年，中标
交付日期 *2005*年
项目描述 该学院可容纳学生*500*名，提供图书馆与特邀艺术家客房。

[→ 051-053 / 122-127]

*Novancia*高等商学院，
巴黎

委托方 巴黎工商会
建筑设计 法国AS建筑工作室
技术顾问 *ARCOBA*
经济估算师 *Éco Cités*
声学设计 *AVA*
建筑面积 *22360*平方米（包括停车库）
造价 *3 400*万（税前）
项目竞标 *2006*年，中标
交付时间 *2011*年
项目概述 一个高等商科学校的重修和扩建（*1555*个学生）并建造一个包含三个阶梯教室（*2*个*70*座位和*1*个*90*座位），一个*300*位置的演播厅，一个拍摄棚，餐厅空间以及一座独立的办公楼。

[→ 114-121]

圣约柜教堂，
巴黎*15*区

委托方 巴黎教区协会、建造联盟协会与*S.C.I.C.A.M.O.*
建筑设计 法国AS建筑工作室
技术支持 *Noble Ingénierie*与*Séca Structure*
声学顾问 *AVA*
建筑面积 *1600*平方米
工程造价 *320*万欧
委托时间 *1986*年
交付日期 *1998*年
项目描述 该教堂可容纳教徒***450***名，并提供四处住宅型神甫住所。

[→ 006-007]

生态村，
布什迈纳

委托方 *Le Toit Angevin*
建筑设计 法国AS建筑工作室
任务分配 *Urban study*
建筑面积 *10*公顷
项目研究 *2006*年
交付日期 *2009*年
项目描述 在环保街区内兴建*100*套低耗能住宅。

[→ 178-179]

“数码要塞”智能化住宅区，
伊西-莱-穆利诺

委托方 伊西-莱-穆利诺市
开发商 *SEMARI*
投资方 *Bouygues Immobilier*、*Kaufman&Broad*、*Meunier*、*Vinci*、*Semads*与*SNI*
建筑设计/城市规划 法国AS建筑工作室
景观设计 *Méristème*
改造面积 *12.5*公顷
建造面积 *110000*平方米
工程造价 *1*亿*2950*万欧元
项目竞标 *2001*年，中标
交付日期 *2011*年
项目描述 由军事堡垒转变而来的城市新区，包括大型公园、*1200*套住宅、拥有*1520*个车位的停车场、小学及幼儿园各一所，并对当地的“和平”中学进行拓建。

[→ 188-191]

巴黎高等商学院校园扩建，
萨克雷

委托方 巴黎工商会
建筑设计 法国AS建筑工作室
技术支持（高环境质量）*Éco-Cités*
技术支持（主体工程）*Arcoba*
声学顾问 *AVA*
经济顾问 *Éco-Cités*
建筑面积 *8400*平方米
工程造价 *1650*万欧元
项目竞标 *2007*年
项目描述 巴黎高等商学院校园入口处的综合建筑群。

[→ 057]

谢赫·哈利法医院，
摩洛哥卡萨布兰卡

委托方 阿布扎比市政府
建筑设计 法国AS建筑工作室
技术支持 *Jacobs France*
经济顾问 *Éco-Cités*
建筑面积 *50000*平方米
工程造价 *1*亿欧元
项目竞标 *2008*年，中标
交付日期 *2012*年
项目描述 拥有*280*个床位的医院。

[→ 067]

阿拉伯世界研究中心，
巴黎

委托方 阿拉伯世界研究中心
建筑设计 法国AS建筑工作室
技术支持 *Setec Bâtiment*
建筑面积 *27000*平方米
工程造价 3800万欧元（不含税）
项目竞标 *1981*年
交付日期 *1987*年
项目描述 这处专用于展示阿拉伯文化的中心包括可容纳*350*位听众的礼堂、若干展览厅与多媒体图书馆。

[→ 046]

Lycée du Futur, Jaunay-Clan
MAÎTRE D'OUVRAGE Région Poitou-Charentes
ARCHITECTE AS.Architecture-Studio
ARCHITECTE ASSOCIÉ FX. Désert
BET Technip Seri Construction
SURFACE 19 000 m²
COÛT 14 M € HT
CONCOURS 1986, lauréat
LIVRAISON 1987
PROGRAMME Lycée technologique pour 600 élèves dispensant un enseignement général et technologique
[→ 054]

Manufacture de Tabac, Shanghai
MAÎTRE D'OUVRAGE Shanghai Tobacco Group Co.
ARCHITECTE AS.Architecture-Studio
SURFACE 106 500 m²
CONCOURS 2008, lauréat
LIVRAISON 2011
PROGRAMME Deux nouveaux bâtiments et restauration d'un bâtiment existant
[→ 148-151]

Médiathèque et cinéma, Saint-Malo
MAÎTRE D'OUVRAGE Ville de Saint-Malo
ARCHITECTE AS.Architecture-Studio
BET Arcoba
ÉCONOMIE Éco-Cités
ENVIRONNEMENT Éco-Cités
ACOUSTIQUE AVA, Vivié & Associés
SURFACE 6 200 m²
COÛT 12,5 M €
CONCOURS 2009, lauréat
PROGRAMME Ensemble culturel sur le parvis de la gare TGV regroupant une médiathèque et un complexe cinématographique. Bâtiment certifié HQE et THPE Enr
[→ 087]

Parlement européen, Strasbourg
MAÎTRE D'OUVRAGE S.E.R.S.
ARCHITECTE AS.Architecture-Studio
ARCHITECTE ASSOCIÉ G. Valente
BET Sogelerg, G.I.L. (O.T.E.Ingénierie, Serue, E.T.F.)
SURFACE 220 000 m²
COÛT 275 M €
CONCOURS INTERNATIONAL 1991, lauréat
LIVRAISON 1999
PROGRAMME Hémicycle et bureaux pour le siège officiel du Parlement européen comprenant un hémicycle de 750 places, 1 133 bureaux pour les parlementaires, 18 salles de commissions de 50 à 350 places, un centre et un service de restauration
[→ 045]

Pôle de psychiatrie universitaire Solaris, Marseille
MAÎTRE D'OUVRAGE Assistance Publique-Hôpitaux de Marseille
ARCHITECTE AS.Architecture-Studio
BET Sechaud Bâtiment Méditerranée
ÉCONOMIE Éco-Cités
SURFACE 13 000 m²
COÛT 16,3 M € HT
CONCOURS 2004, lauréat
LIVRAISON 2007
PROGRAMME Département universitaire de psychiatrie de 115 lits, six unités pathologiques
[→ 070-071]

Projet « Grand Kaboul », Deh Sabz, Afghanistan
MAÎTRE D'OUVRAGE Gouvernement Afghan
ARCHITECTE URBANISTE AS.Architecture-Studio
BET/PARTENAIRES Franor, Composante Urbaine, Eaux de Paris, Partenaires Développement, DEERNS (Pays-Bas), Certu, Pierre et Micheline Centlivres, AVA, Urbanistes du Monde
SURFACE 360 km²
COÛT 15 milliards de dollars
CONSULTATION Internationale, mai 2007
ÉTUDE 2007-2008
PROGRAMME Ce projet prévoit la construction d'une nouvelle ville qui pourra accueillir à terme plus de trois millions d'habitants, sur le site de Deh Sabz (40 000 ha), qui jouxte le nord de Kaboul
[→ 202-251]

Résidence touristique, Saint-Julien-Montdenis
MAÎTRE D'OUVRAGE Saddev
ARCHITECTE AS.Architecture-Studio
BET Choulet, Sylva Conseil, AVA
SURFACE 4 087 m²
COÛT 5, 6 M €
ETUDES 2005
PROGRAMME Résidence touristique de 72 logements (200 lits)
[→ 176-177]

Résidence universitaire Croisset, Paris
MAÎTRE D'OUVRAGE S.A.G.I.
ARCHITECTE AS.Architecture-Studio
BET Noble Ingénierie
SURFACE 11 000 m²
COÛT 12 M €
CONCOURS 1989, lauréat
LIVRAISON 1996
PROGRAMME 351 studios pour étudiants et logements de fonction
[→ 044]

"未来"中学，热奈·克朗

委托方 普瓦图-夏朗德大区
建筑设计 法国AS建筑工作室
合作建筑设计 *FX. Désert*
技术支持 *Technip Seri Construction*
建筑面积 *19000*平方米
工程造价 1400万欧元（不含税）
项目竞标 *1986*年，中标
交付日期 *1987*年
项目描述 该理工类高中可容纳学生*600*名，同时开设一般性及专业性课程。

[→ 054]

上海卷烟厂，上海

业主 上海烟草集团
设计师 法国AS建筑工作室
面积 *106 500*平方米
项目竞标 *2008*年，中标
交付时间 *2010*年
设计任务 按照烟草生产的工艺流水线来设计新厂房的建筑形象及周围景观设计。

[→ 148-151]

多媒体中心与电影院，圣·马洛

委托方 圣-马洛市
建筑设计 法国AS建筑工作室
技术支持 *Arcoba*
经济顾问 *Éco-Cités*
环境顾问 *Éco-Cités*
声学顾问 *AVA*与*Vivié & Associés*
建筑面积 *6200*平方米
工程造价 *1250*万欧元
项目竞标 *2009*年，中标
项目描述 这座位于高速列车站广场上的综合型文化中心拥有多媒体中心与多功能电影院。该建筑物已被认证为高环境质量（*HQE*）与高能效型（*THPE Enr*）建筑。

[→ 087]

欧洲议会，斯特拉斯堡

委托方 *S.E.R.S.*
建筑设计 法国AS建筑工作室
合作建筑设计 *G. Valente*
技术支持 *Sogelerg*与*G.I.L.*（*O.T.E.Ingénierie*、*Serue*与*E.T.F.*）
建筑面积 *220000*平方米
工程造价 2亿*7500*万欧元
项目国际竞标 *1991*年，中标
交付日期 *1999*年
项目描述 作为欧洲议会官方机构的办公地点，这座半圆形建筑包括可容纳*750*人的半圆梯形会场、*1133*间议员办公室与*18*处议事厅（*50*至*350*人不等）以及一座中心与餐饮设施。

[→ 045]

圣玛格利特医院，马赛

委托方 马赛公立医院救助机构
建筑设计 法国AS建筑工作室
技术支持 *Sechaud Bâtiment Méditerranée*
经济顾问 *Éco-Cités*
建筑面积 *13000*平方米
工程造价 *1630*万欧元（不含税）
项目竞标 *2004*年，中标
交付日期 *2007*年
项目描述 包含有*6*处病理研究单元的大学精神病学系（*115*床位）。

[→ 070-071]

"大喀布尔"计划，阿富汗德赫·萨卜兹

委托方 阿富汗政府
建筑设计/城市规划 法国AS建筑工作室
技术支持/合作伙伴 *Franor*、*Composante Urbaine*、*Eaux de Paris*、*Partenaires Développement*、*DEERNS*（荷兰）、*Certu*、*Pierre et Micheline Centlivres*、*AVA*、*Urbanistes du Monde*
建筑面积 *360* 平方公里
工程造价 *150*亿美元
全球征询 *2007*年*5*月
项目研究 *2007-2008*年
项目描述 该方案预期在德赫·萨卜兹（*40000*公顷）打造一座可容纳三百万居民、与喀布尔北部接壤的新城。

[→ 202-251]

高质量环保旅游住宅，圣·朱利安

委托方 *Saddev*
建筑设计 法国AS建筑工作室
技术支持 *Choulet*、*Sylva Conseil*与*AVA*
建筑面积 *4087*平方米
工程造价 *560*万欧元
项目研究 *2005*年
项目描述 提供*72*间客房的观光公寓（*200*床位）。

[→ 176-177]

大学生公寓，巴黎

委托方 *S.A.G.I.*
建筑设计 法国AS建筑工作室
技术支持 *Noble Ingénierie*
建筑面积 *11000*平方米
工程造价 *1200*万欧元
项目竞标 *1989*年，中标
交付日期 *1996*年
项目描述 *351*套单间学生公寓与功能型住房。

[→ 044]

Restructuration de la Maison de la Radio, Paris
MAÎTRE D'OUVRAGE Maison de Radio France
ARCHITECTE AS.Architecture-Studio
BET Jacobs France
ÉCONOMIE Éco-Cités
SURFACE 110 000 m²
COÛT 157 M €
CONCOURS 2005, lauréat
PHASE ACTUELLE En chantier
LIVRAISON 2014
PROGRAMME Restructuration de la Maison de Radio France, redistribution des circulations, salle de 1500 places, parking
[→ 056]

Siège social d'Axa Private Equity, Paris
MAÎTRE D'OUVRAGE AXA Private Equity
ARCHITECTE AS.Architecture-Studio
ARCHITECTE ASSOCIÉ I.Lopatin
SURFACE 2 600 m²
COÛT 2,9 M €
COMMANDE 2004
LIVRAISON 2006
PROGRAMME Réaménagement du siège social de AXA Private Equity, comprenant un hôtel particulier place Vendôme et un bâtiment place du Marché Saint-Honoré
[→ 079]

Siège social du groupe Casino, Saint-Étienne
MAÎTRE D'OUVRAGE Groupe Casino
PROMOTEUR Meunier Immobilier d'Entreprise
ARCHITECTE AS.Architecture-Studio
ARCHITECTE ASSOCIÉ Cimaise
BET Kephren Ingénierie Barbanel
ÉCONOMIE Cyprium
SURFACE 39 000 m²
COÛT 64 M €
CONCOURS 2004, lauréat
LIVRAISON Juin 2007
PROGRAMME Siège social comprenant des bureaux pour 1800 personnes, un auditorium de 300 places, un restaurant d'entreprise, 950 places de parking
[→ 076-078]

Siège social de Wison, Shanghai, Chine
MAÎTRE D'OUVRAGE Wison Chemical
AMÉNAGEUR Shanghai Z.J. Biotech & Pharmaceutical Base Development Co Ltd
ARCHITECTE AS.Architecture-Studio
BET Pierre Martin, Choulet
SURFACE 20 000 m²
COÛT 12 M €
COMMANDE 2002
LIVRAISON 2003
PROGRAMME Bureaux, laboratoires et ateliers
[→ 064 / 132-135]

Théâtre Le Quai, Angers
MAÎTRE D'OUVRAGE Ville d'Angers
ARCHITECTE AS.Architecture-Studio
BET Technologies
SCÉNOGRAPHIE Theatre Projects Consultants
ACOUSTIQUE AVA
ECLAIRAGE L'Observatoire 1
ÉCONOMIE Éco-Cités
SURFACE 16 500 m²
COÛT 35 M € HT
CONCOURS 2003, lauréat
LIVRAISON 2007
PROGRAMME Théâtre de 971 places, théâtre modulable de 400 places, école de théâtre et école de danse, restaurant
[→ 060-061 / 136-143]

Théâtre national de Bahreïn, Al-Manama, Bahreïn
MAÎTRE D'OUVRAGE Royaume de Bahrein, Ministry of Works and Housing
ARCHITECTE AS.Architecture-Studio
BET SETEC Bâtiment
ACOUSTIQUE XU Acoustique
AUTRES INTERVENANTS Theatre Project Consultants, L'Observatoire, CEEF - Atkins
COÛT 31 M €
SURFACE 10 370 m²
ETUDE 2007
LIVRAISON 2012
PROGRAMME Théâtre national du royaume de Bahreïn (grand théâtre de 1000 places, théâtre modulable de 150 places et espaces d'exposition)
[→ 065]

Tour résidentielle M1-62, Dubaï, E.A.U.
MAÎTRE D'OUVRAGE DCC Dubaï Contracting Company LLC
ARCHITECTE AS.Architecture-Studio
SURFACE 40 000 m²
CONCOURS 2008, lauréat
PROGRAMME Tour résidentielle
[→ 083]

Tour D2, Paris - La Défense
MAÎTRE D'OUVRAGE SOGECAP
ARCHITECTE AS.Architecture-Studio
BET Setec Tpi (structure)
Tess (façades)
Setec Bâtiment (ascenseur)
Hilson Moran (fluides et HQE)
ACOUSTIQUE Vivié & Associés
ÉCONOMIE Éco-Cités
CONSULTANT Cabinet Casso (sécurité incendie)
PAYSAGISTE BASE
SURFACE 54 000 m²
COÛT 124 M €
CONCOURS 2007
PROGRAMME Tour Sogecap à La Défense 2
[→ 047]

Université de la Citadelle, Dunkerque
MAÎTRE D'OUVRAGE Communauté urbaine de Dunkerque
ARCHITECTE AS.Architecture-Studio
BET Serete, O.T.H. Nord
SURFACE 15 000 m²
COÛT 12,2 M €
CONCOURS 1987, lauréat
LIVRAISONS 1990, 1995, 1998
PROGRAMME Université de 1 500 étudiants comprenant enseignement général et technologique (laboratoires en génie thermique et biochimie)
[→ 055]

法国广播电台旧址改建工程, 巴黎

委托方 法国广播电台
建筑设计 法国AS建筑工作室
技术支持 *Jacobs France (TCE)*
经济顾问 *Éco-Cités*
建筑面积 *110000*平方米
工程造价 *1*亿*5700*万欧元
项目竞标 *2005*年, 中标
工程进展状况 在建
交付日期 *2014*年
项目描述 对法国广播电台大楼进行翻修, 重新分配楼内空间, 并提供可容纳*1500*人的演讲大厅与停车场。

[→ 056]

*AXA*公司总部改建, 巴黎

委托方 安盛私募投资公司
建筑设计 法国AS建筑工作室
合作建筑设计 *I. Lopatin*
建筑面积 *2600*平方米
工程造价 *290*万欧元
委托时间 *2004*年
交付日期 *2006*年
项目描述 改扩建后的安盛私募投资公司总部在旺多姆广场上拥有一座公馆, 而另一建筑则位于圣-奥诺雷集市广场。

[→ 079]

卡西诺公司集团总部, 圣-艾蒂安

委托方 卡西诺集团
投资方 *Meunier Immobilier d'Entreprise*
建筑设计 法国AS建筑工作室
合作建筑设计 *Cimaise*
技术支持 *Kephren Ingénierie Barbanel*
经济顾问 *Cyprium*
建筑面积 *39000*平方米
工程造价 *6400*万欧元
项目竞标 *2004*年, 中标
交付日期 *2007*年*6*月
项目描述 这里包括客服务于*1800*名工作人员的办公区域、一座可容纳*300*人的礼堂、职工餐厅以及*960*车位的停车场。

[→ 076-078]

惠生化工集团总部, 中国上海

委托方 惠生生化集团
开发商 上海张江生物医药基地开发有限公司
建筑设计 法国AS建筑工作室
技术支持 *Pierre Martin*与*Choulet*
建筑面积 *20000*平方米
工程造价 *1200*万欧元
委托时间 *2002*年
交付日期 *2003*年
项目描述 办公区、实验室与工作室。

[→ 064 / 132-135]

"河岸"剧院, 昂热

委托方 昂热市
建筑设计 法国AS建筑工作室
技术支持 *Technologies*
场景设计 *Theatre Projects Consultants*
声学顾问 *AVA*
照明设计 *L'Observatoire 1*
经济顾问 *Éco-Cités*
建筑面积 *16500*平方米
工程造价 *3500*万欧元 (不含税)
项目竞标 *2003*年, 中标
交付日期 *2007*年
项目描述 提供可容纳*971*名观众的剧院、*400*人的组合式剧场、戏剧学校、舞蹈学校与餐厅。

[→ 060-061 / 136-143]

巴林国家大剧院, 阿尔-麦纳麦

委托方 巴林劳动与住房部
建筑设计 法国AS建筑工作室
技术支持 *SETEC Bâtiment*
声学顾问 *XU Acoustics*
其他参与方 *Theatre Project Consultants*、*L'Observatoire*与*CEEF - Atkins*
工程造价 *3100*万欧元
建筑面积 *10370*平方米
项目研究 *2007*年
交付日期 *2012*年
项目描述 巴林国家剧院 (可容纳*1000*人的大型剧场、*150*人的组合式剧场与展览空间) 。

[→ 065]

迪拜*M1-62*高级公寓楼, 阿联酋

委托方 *DCC Dubai Contracting Company LLC*
建筑设计 法国AS建筑工作室
建筑面积 *40000*平方米
项目研究 *2008*年, 中标
项目描述 公寓大楼

[→ 083]

拉·德芳斯*D2*办公大楼, 巴黎

委托方 *SOGECAP*
建筑设计 法国AS建筑工作室
技术支持 *Setec Tpi* (结构) *Tess* (外墙) *Setec Bâtiment* (电梯设备) *Hilson Moran* (公用设施与高环境质量)
声学顾问 *Vivié & Associés*
经济顾问 *Éco-Cités*
消防安全顾问 *Cabinet Casso*
景观设计 *BASE*
建筑面积 *54000*平方米
工程造价 *1*亿*2400*万欧元
项目研究 *2007*年
项目描述 拉·德芳斯*2*区的*Sogecap*大楼

[→ 047]

西塔代勒大学, 敦刻尔克

委托方 敦刻尔克城委会
建筑设计 法国AS建筑工作室
技术支持 *Serete*与*O.T.H. Nord*
建筑面积 *15000*平方米
工程造价 *1220*万欧元
项目研究 *1987*年, 中标
交付日期 *1990*、*1995*及*1998*年
项目描述 该大学可容纳学生*1500*名, 设置普通课程及理工科课程 (热工及生化工程实验室) 。

[→ 055]

AS.ARCHITECTURE-STUDIO

AS.Architecture-Studio, créé à Paris en 1973, regroupe aujourd'hui plus d'une centaine d'architectes, urbanistes, et architectes d'intérieur d'une vingtaine de nationalités autour de douze architectes associés : Martin Robain, Rodo Tisnado, Jean-François Bonne, Alain Bretagnolle, René-Henri Arnaud, Laurent-Marc Fischer, Marc Lehmann, Roueïda Ayache, Gaspard Joly, Marica Piot, Mariano Efron, Amar Sabeh El Leil.

AS.Architecture-Studio est un groupe qui croit aux vertus de l'échange, du croisement des idées, de l'effort commun, du savoir et de la création partagés, vertus qui lui semblent essentielles pour apporter des réponses toujours renouvelées à la question de l'environnement, de la ville et de l'architecture, dans un monde en profonde mutation, global et polymorphe.

AS.Architecture-Studio réalise de grands équipements publics (palais de justice, hôpitaux, équipements scolaires et universitaires, théâtres et salles de concert), des logements, des bâtiments tertiaires, des hôtels et des complexes touristiques, des constructions neuves et des réhabilitations de grande envergure, des aménagements urbains et des quartiers durables.

AS.Architecture-Studio est présent sur plusieurs continents : en Europe, en Russie, au Moyen-Orient et en Chine (création d'une agence à Shanghai en 2005 puis en 2007 à Pékin qui comprennent aujourd'hui une cinquantaine d'architectes chinois et européens).

AS.Architecture-Studio s'engage dans le développement durable par ses projets mais aussi en créant Éco-Cités en 2003, une société partenaire spécialisée en haute qualité environnementale, en gestion économique et en coût global, et participe au Plan Grenelle Bâtiments pour l'environnement depuis 2008.

De gauche à droite / *From left to right*: **Alain Bretagnolle, Jean-François Bonne, Amar Sabeh El Leil, René-Henri Arnaud, Marica Piot, Martin Robain, Gaspard Joly, Mariano Efron, Laurent-Marc Fischer, Rodo Tisnado, Roueïda Ayache, Marc Lehmann.**
从左至右：阿兰·布勒塔尼奥勒、让-弗朗索瓦·博内、艾马·萨布埃雷、勒内-亨利·阿尔诺、玛丽卡·碧欧、马丁·罗班、贾斯帕·朱利、马里亚诺·艾翁、罗朗-马克·菲舍尔、罗多·蒂斯纳多、罗伊达·阿亚斯、马克·勒曼。

Prix et récompenses

- Le Losange d'Argent en 1985 par le Conseil régional d'Ile-de-France, pour l'immeuble de logements rue Domrémy à Paris,
- L'Équerre d'Argent par le Moniteur en 1988 et le Prix Aga Khan en 1989 pour l'Institut du monde arabe à Paris,
- Le Prix Acier d'Or de l'Association des structures métalliques de Shanghai en 2003 pour le siège social de Wison Chemical à Shanghai,
- Les Lauriers de la construction bois décernés par le Salon européen du bois et de l'habitat durable de Grenoble 2006, le Prix Observ'ER délivré par l'Observatoire des énergies renouvelables en 2006 et le Ruban vert de la qualité environnementale pour la démarche globale et la valorisation de la filière bois remis par l'Association AQE en 2007 pour le collège HQE Guy-Dolmaire à Mirecourt,
- La Clé d'Or attribuée par le Syndicat des entreprises générales en 2007 pour l'hôpital Sainte-Marguerite à Marseille,
- Le Grand Prix du SIMI (Salon de l'immobilier d'entreprise) en 2007 pour le siège social du groupe Casino à Saint-Etienne,
- Le Prix environnement de l'Essonne 2007 pour le Centre de recherche, de développement et de qualité Danone Vitapole à Palaiseau,
- Le Grand Prix Bleu Ciel d'EDF 2009 pour le programme de logements Park Avenue de la ZAC Parc Marianne à Montpellier.

所获奖项

巴黎多姆雷米街(*rue Domrémy*)住宅楼夺得了由巴黎大区委员会颁发的*Losange*银奖;
- 巴黎阿拉伯世界研究中心先后获得由*Le Moniteur*颁发的*1988*年"银尺"奖及*1989*年的"阿卡汗"奖;
- 上海惠生生化集团总部于*2003*年获得上海市金属结构行业协会颁发的"金钢"奖;
- 密尔古的(高质量环境)居伊-多勒麦尔初级中学先后获得由格勒诺布尔可持续住宅与木制建筑全欧展会授予的*2006*年"木结构建筑"奖以及由可再生能源组织颁发的*2006*年"服务类建筑"奖,并于*2007*年夺得了*AQE*协会的"环境质量保护与木结构建筑绿带"奖;
- 马赛的圣-玛格丽特医院获得了由公共建设企业工会所颁发的*2007*年"金钥匙"奖;
- 圣-艾蒂安的卡西诺集团总部获得了*2007*年的"*SIMI*"大奖(企业总部设计专项奖);
- 帕莱索的达能*Vitapole*发展与质量研究中心获得了*2007*年的"埃松环保企业"奖;
- 位于蒙彼利埃玛丽亚娜公园商定发展区内的住宅设计(公园大道)获得了*2009*年法国电力公司的"蓝天住宅"大奖

法国AS建筑工作室

法国AS建筑工作室于*1973*年在巴黎创建。如今,本事务所已会聚了百余位建筑师、城市规划师，约二十名室内建筑师以及十二位事务所合伙人:马丁·罗班、罗多·蒂斯纳多、让-弗朗索瓦·博内、阿兰·布勒塔尼奥勒、勒内-亨利·阿尔诺、罗朗-马克·菲舍尔、马克·勒曼、罗伊达·阿亚斯、贾斯帕·朱利、玛丽卡·碧欧、马里亚诺·艾翁、艾马·萨布埃雷。

法国AS建筑工作室坚信畅所欲言、集思广益、齐心协力以及分享知识与创意的重要性,这样的态度可使其在面对日新月异、千变万化的世界,在面对环境、城市与建筑问题时不断给出全新的答案。

法国AS建筑工作室所从事的工作不仅涵盖大型公共设施(法院、医院、中小学及大学、剧院与音乐厅)、住宅、办公类建筑、酒店、旅游综合服务设施,还涉足大规模兴建与改造、城市规划以及可持续发展街区等项目。

法国AS建筑工作室的业务范围遍及多个大陆:欧洲、俄罗斯、中东及中国(于*2005*、*2007*年先后成立的上海事务所与北京事务所如今已拥有约五十位来自中国本土及欧洲的建筑师)。

法国AS建筑工作室不仅在进行项目设计时一贯遵循可持续发展的理念,更在*2003*年创建了专注于高环境质量、经济管理与全面成本控制的合伙企业——*Éco-Cités*。不仅如此,事务所还从*2008*年起开始参与格勒奈尔环境会议中有关建筑部分的讨论。

ARCHITECTURE-STUDIO 1973-2009

Abderrazak GARBAA / Adrien ROBAIN / Agathe DJEBROUNI / Agnès CHRYSSOSTALIS / Agnès MROWIEC / Agnès SOLE / Ahmat Senoussi SENOUSSI / Aimé Calixte NZABA MATANTALA / Akram KHELIF / Aladin MHAIBIS / Alain BACON / Alain BRETAGNOLLE / Alain COTO / Alain LETIN / Alain MOATTI / Alain STEPHAN / Albert HADDAD / Albrecht MEYER / Aldo ANCIETA / Alejandro OGATA / Alejandro SCARPA / Aleksandar JANKOVIC / Aleksandra HANCA / Aleksandra KUCKA / Aleksandra (Ola) SOBOL / Alessandra COSTANTINI / Alessandra TEGALDO / Alessandro CONFORTI / Alessandro SCELSA / Alessio CALVANO / Alex WEBB / Alexander ARJONA-JACOBI / Alexander GULYA / Alexandra BAVIERE / Alexandra MENARD / Alexandre DUSSIOT / Alexandre FRANC / Alexandre ROTIER / Alexia SIGER / Alexis BOGDANOVITCH / Alexis POTIER / Alfredo ANTUÑA / Ali RESHEED / Alice AURIAU / Alice MÜLLER / Alice VEYRIE / Alicia MIMBACAS / Alison LEBEGUE / Alix HEAUME / Amal SAADI / Amandine BATSELE / Amar SABEH-EL-LEIL / Amaranta POTOT / Ambrus EVVA / Amel Samia BENALI / Amélie BELLAUD / Amélie SAFFRE / Amhed MEZGHANI / Amine BELHAMI / Amine MOULAY / Amine TOUATI / Amine BELHAMI / Ana DIAS / Ana MANZANARES MORET / Ana ZATEZALO / Ana Carina PEREZ GRASSANO / Ana Irina GHITA / Anaïs LARUE / Analia GARCIA / Anastasia KRITIKOU / Andrea BATANY / Andréa HAAS / Andréa PENSELIN / Andréa STUMPF / Andreas VOGEL / Andréina RISI / Andres Fernando MORENO / Ane Marie HINDHEDE / Angela MONTESINOS MASSO / Angela TANDURA / Angeles DUQUE-GOMEZ / Anh BUI NGO / Anh Ngoc TRAN / Anh Sara CONG / Anh Sara PHUNG CONG / Anika WORDEMANN / Anissa KADA / Anita PUNJA / Anja LUTTER / Ann GUILLEC / Ann SNAUWAERT / Anna BARKHOUDARIAN / Anna COUROUAU / Anna KRAUZE / Anna MATRAKIDOU-FOUKAS / Anna MATYLLA / Anna PRZYBYL / Anna PUJDAK / Anna SPOHN / Anne BLANDIN / Anne BON / Anne BOURDAIS / Anne FELDMANN / Anne HIERHOLTZ / Anne KUHLGATZ / Anne PETROV / Anne SINCE / Anne Laure DUMORTIER / Anne Laure GOALES / Anne-Cécile ROMIER / Anne-Claire DECAUX / Anne-Françoise CHOLLET / Anneke SCHREIER / Anne-Laure GUICHARD / Anne-Laure THIERRY / Anne-Sophie ROSSEEL / Annick CHABROLLE / REITHLER / Annick ISNARD / Annie SALLY / Anthony CHRETIEN / Anthony ROUBAUD / Antje MOHNICKE / Antoine BAUGE / Antoine BUISSERET / Antoine CORCELLE / Antoine DURAND / Antoine LACRONIQUE / Antoine ROBERT / Antoine VIALLE / Antoine WEGAND / Antoinette ROBAIN / Antonio BELVEDERE / Arianna BERTONCINI / Arianna CHIAPPE / Arielle CHABANNE / Armelle BOLIVARD / Armelle TRAVÉ / Armelle VILLAIN / Arnaud CORLAY / Arnaud DANIEL / Arnaud GOUJON / Arnaud GRISARD / Arnaud MORIN / Arnaud POIRE / Arnold LAMOULIE / Arthur RANGUIDAN / Ashraf NAVEED / Asmaa ALANBARI / Astrid HAREL / Aude BALLARD / Aude BUSSIER / Aude RAGOUILLIAUX / Audrey BECHENY / Audrey FLEURY / Augustin de TUGNY / Aurelia HULUBA / Aurélia MARQUINE / Aurélie BERTHET / Aurélie DELOFFRE / Aurélie FECHTER / Aurélie PREUD'HOMME / Aurore ROUGEY / Awen JONES / Ayla GULER / Barbara BORIKOVA / Barbara FETZ / Bartlomiej JANDER / Beate MUNCH / Béatrice BERG / Béatrice RUIZ / Béatrice SPYCHER / Beediawtee PURRAN / Ben BURKE / Bénédicte BOURDEAU / Benjamin FAUGEROUX / Benjamin GAUTHIER / Benjamin MICHEL / Benoit IMBERT / Benoît EL TAHCHI / Bernard BIANCOTTO / Bernard FOULON / Bernard MAGNIN / Bertram BEISSEL / Bertrand CAU / Bertrand THIBOUVILLE / BET JACOBS / Bianca LERZA / Bin ZHANG / Birgid FITZGERALD / Bo HU / Bo Kyoung LEE / Bojana POPOVIC STOPPAR / Bojun DAI / Boyan Petrov TZVETKOV / Brahim BOUZAD / Brian HEMSWORTH / Brian PADILLA / Brian M. REDDY / Brice LAMIRI ALAOUI / Bruna VENDEMMIA / Bruno MARY / Calogero SCAGLIONE / Camila KOPP REZENDE / Camille DUPOUY / Candice LE MAITRE / Candice LEMAITRE / Carles SEBASTIAN MARTINEZ / Carlos BARBEIRA / Carlos MANNS / Carlos Eduardo COELLO / Carlos Felipe CARVAJAL / Carmen SULIGOJ / Carol GUINEBERT / Carole ALLAIS / Carole DOUSSINEAU / Carole VEYRIER / Carole VILET / Caroline ARGENCE / Caroline BOREL / Caroline HALKA / Caroline PICARD / Caroline PICQUET / Carsten BRÖGE / Catherine LAUVRAY-LAUZERAL / Catherine WALTHER / Catherine WIETHOLTER / Cécile BARBIERE / Cécile KRYGIER / Cécilia BOLTER / Cédric DESHAUTELS / Cédric QUESNOT / Cédric VERNAY / Celia HAMON / Célia PICARD / Céline CIONI - SADOC / Céline JEANNE / Céline MOLLET - ARNAUD / Céline PIETTE / Céline STEPHAN / Céline VAN LAMSWEERDE / Cendrine MONNEL / Cha XU / Chadi OSMAN / Chak Keong LUI / Chantal LEROLLE/ Charlène N'GOMA / Charles ZHU / Charles Henri DE RANCHIN / Charlotte TREUNET / Chavdara NIKOLOVA / Cheikhou SYLLA / Chen-Jie XU / Chi Fai LAM / Chiara ALESSIO / Ching Ling TAY / Christel CALAFAT / Christel GUILLOT / Christelle FORTINA / Christelle TERRIER / Christian HOFBAUER / Christian KERRIGAN / Christian POULISSEN / Christiana HAGENEDER / Christina Maria STOLTZ / Christine ECKART / Christine FRANK / Christine FULLACHIER / Christine HORNER / Christine PUEYO / Christine SAWMYNADEN / Christoph LEITGEB / Christophe GAUTIE / Christophe HELLIO / Christophe JULIENNE / Christophe POIRIER / Chunchao DENG / Chun-Ho KIM / Cira COZZOLINO / Claire de MONTAIGNE / Claire Sophie GALAND / Claudia ALVES DA SILVA / Claudia ALVES DA SILVA / Claudia FUNK / Claudia GENTIL -SPINOLA / Claudia HEIN / Claudia RATH / Claudia TROVATI / Claudis CRISTE / Clémence FLEYTOUX / Cloud DUPUY DE GRANPRÉ / Colette TURPIN / Colm MURPHY / Côme MENAGE / Constantin PETCOU / Corinne DUCHET / Corinne GRANGER / Corinne SACHOT / Cristian SIMIONESCU / Cristiano KHEIRALLAH / Cyril LAMY / Cyril SIMONOT / Cyrille HANAPPE / Cyrille HUGON / Cyrille ROLLAND / Da Yong JIN / Dagmar PRA'SILVA / Damien BARRIEU / Damien DESNOS / Damien FARAUT / Damien VITOUX / Daniel ARANOVICH / Daniel CHANG / Daniel OTERO PENA / Daniel PRINS / Daniel SANTOS / Daniela BARREIRA / Danielle JOSEPHINE / Danqing HUANG / Daphnée PROSPER / Daquan ZHUANG / David FERRERO ANTON / David GUICHARD / David HINGAMP / David LAPERCHE / David LEFRANT / David MARIE-ANNE / David PARLANCHE / David RANDRIAMAROMANANA / David RIBAULT / David STANLEY / David DEJOUS / Delphine LARCHERES / Delphine ROUGE / Denis MASSON / Denis WALTHER / Denis FAVRET / Deniz ERTAS / Despina PAPAKONSTANTINOU / Dhwani TALATI / Diana GOMEZ VASQUEZ / Diana NORIEGA / Didier COLIN / Didier FENEAU / Didier HO CHIN SUN / Didier KLEITZ / Didier LOBJOIS / Didier URXU / Didier VIDAL / Diego DUARTE / Dimitri SAUTIER / Dimitri SKALAFOURIS / Dina MADANI / DJamel MAZOUZ / Dolores GONZALES / Dominique AUPY / Dominique BORÉ / Dominique CORNAERT / Dominique HARSTER / Dominique LESBEGUERIS / Dominique PERISSUTTI / Domitille DESJOBERT / Doris MAASSEN / Dorothée BOCCARA / Dorothée DERLY / Douglas HARDINE / Dounia DUVAL / Dragan MILIC / Edin MUJEZINOVIC / Edmondo OCCHIPINTI / Edouard PERVÈS / Eduardo Gonzalo SEGURA / Efrat COHEN / Eike BÖTTCHER / El Alami ABBASS / Elénita TIGUERT / Elisabeth ANKRI / Elisabeth BEAUFFRETON / Elisabeth BROERMANN / Elisabeth DUFOURG / Elisabeth FARKAS / Elisabeth GIROT / Elisabetta RIMOLDI / Elise BARBE / Elise FOURNIER / Elise HEITZ / Elodie MARCHETTI / Elsa GAUTIER / Elsa GUIENNE / Elsa LACOMBE / Elsa NEUFVILLE / Ema RÖHRICHOVA / Emilie DORION / Emilie FORESTIER / Emma LINSURI / Emmanouil NTOURLIAS / Emmanuel CHEILLAN / Emmanuel ETIENNE / Emmanuel PAIN / Emmanuelle LECHEVALLIER / Emmanuelle PATTE / Emmanuelle FRENEL / Enrico BENEDETTI / Enrique RAMOS / Erhardt PAPP / Eric ALCABEZ-GARIBOLDY / Eric HUGEL / Eric MAIGNAN / Eric VILLENAVE / Erik ROTHELE / Estelle GROSBERG / Estelle ROUX TOULOUSE / Ester Maria GIMENEZ BELTRAN / Ethel BUISSON / Etienne CHAMPENOIS / Etienne CHAUVIN / Eugenia FRIÁS-MORENO / Eugenio GIORGETTA / Eva HUYGEN / Eve BOURGOIS-MALVAL / Fabien BRISSAUD / Fabien DIAZ / Fabien GANTOIS / Fabien SAURA / Fabienne BOSSARD / Fabienne MARCHAL / Fabio BEZZECCHI / Fabrice FOISON / Fabrice MESSIER / Fabrice MONIER / Fabrizio ROMANO / Fabrizio SEMINARA / Fang GUAN / Fang LI / Fanny LEVY / Fanny SICARD / Fanny TRICARD / Farida AIT ALI SLIMANE / Farida MEFTAH / Fatiha LIEMLI / Fatima MOREIRA / Fawzi AZAR / Federico MANNELLA / Fernando CASTRO BENAVIDES / Fernando QUINTANA / Filip DEVOGELEER / Filippo DI BATTISTA / Flavie AUDI COLLIAC / Florence GARIN / Florence JAMET / Florence SIROT / Florian VALERI / Foued BENKHELIFA / Franca MIRETTI / Francesca BERRUTI MANZONE / Francesco BERNABEI / Francesco FULVI / Francesco IACCARINO / Francisca RUBIALES / Francisco CARRIBA ANTA / Franck LAMY / Francky PEPIN / Franco SEMINAROTI / François GRUSON / François LIERMANN / François MAGENDIE / François MICHAUT / François NAPOLY / François PIERRE / François THOMAS / Françoise ARNAUD /

Françoise BOUCHER / Françoise HOURDIN / Françoise MANU / François-Xavier DESERT / Frank PRIVE / Franklin AZZI / Frantz AMIRAULT / Franziska SPREEN / Frédéric ALLIMANT / Frédéric ARNOULT / Frédéric BATAILLARD / Frédéric FORNARRO / Frédéric KARAM / Frédéric LEBARD / Frédéric LLORET / Frédéric LOUVEAU / Frédéric MENDES FRANCISCO / Frédéric VINCENDON / Frédéric VITZ / Frédéric VUILLAUME / Frédéric NEAU / Frederik KLEBER / Fulvia TALLINI / Gabriel VENOT / Gabriela BONILLA MILLAN / Gabriela RASCAO / Gabriella CATTANEO / Gabriella ROSCIOLI / Gaël DRIGNON / Gaëlle HOLLANDE / Gaétan ENGASSER / Gaetano GIULIANO / Gaspard JOLY / Gaston VALENTE / Gauthier LE ROMANCER / Geoffrey COOK / Geoffroy CARRARD / Georges AZZI / Georges MOHASSEB / Georges AMATOURY / Gérald MALITOURNE / Géraldine RISTERUCCI / Géraldine SAVARY / Gérard RAFFIN / Gérard TROLLIET / Gérard FRANCIOSA / Gerardo VAN WAALWYK VAN DOORN / Gerd KAISER / Ghyslaine VASCOVICI / Giada CALCAGNO / Gian MAURIZIO / Giancarlo FIGUERES / Gianluca FERRARINI / Gianluca FORLIVESI / Gilles DELALEX / Giorgia MUSACCHIO / Giovanna CHIMERI / Giulia GRIOTTI / Gonçalo DUCLA SOARES / Gregoire DIEHL / Grégoire DUMAS / Grégoire ZUNDEL / Grégor WITTMANN / Grégory AZAR / Grégory ERNST / Grégory TAOUSSON / Guanlan CAO / Guilhem EUSTACHE / Guillaume HANNOUN / Guillaume LABELLE / Guillaume LE TOURNEAU / Guillaume LETOURNEAU / Guillaume de MALET / Guillemette BEGARD / Guillermo GARCIA GOMEZ / Guohong SONG / Guoying CUI / Gustavo BOSCAN / Guy BRICE / Gwenn TEXIER / Gwenola KERGALL / Hadrien BONZON / Hafida EHMOURREG / Hafida MESSAOUD / Haitao LIU / Halil DOLAN / Hamadi CHEKIR / Hanna TESIOROWSKA / Hanta RANIVOSOA / Haolin WANG / Haoshan HUANG / Harri KEMPGEE / Hassan EL KHALIL / Hayatte NDIAYE / Heidi WOLLENSAK / Heike MEYER-ROTSCH / Hélène CAVELIER DE MONCOMBLE / Hélène DUMENIL / Hélène HART / Hélène KLEINHANS / Hélène SEGUIN / Hélène SIMARD / Hélène KOSINSKI / Hélène LAMBOLEY / Helmina SLADEK / Hicham MEFTAH / Hilary PADGET / Hilda SEBBAG / Hoang Nguyen PHAN NGUYEN / Hoang Phuong DO / Holalé ALOMENOU / Hong-Xia ZHANG / Hossam ELMADANY / Houcine BOUAFIA / Houda MARAOUI / Hua-Min TSENG / Huan ZOU / Hugo GAGNON / Hugo SAMPER BARLETTA / Hugues LEFEBVRE / Huguette BECKER / Huiping HUANG / Ibtissam NAHAS / Ida JARNLAND / I-Fan JUANG / Ignacio SOMODEVILLA / Igor STROZCK / Ikam R'BAIA / Im Ki HONG / Imke BROSCH / Inkyung KWON / Inmok HWANG / Inny YUM / Ioana DAMIAN / Iria CARMO / Isaac MLEME / Isabell FLOHR-BETSCH / Isabella GISMONDI / Isabelle BLANDIN / Isabelle BOISIER / Isabelle GUNASENA / Isabelle HERAUT / Isabelle LIM / Isabelle RICHARD / Ismahen FERCHICHI / Iulia SOLOMON / Ivelina PENEVA / Izumi DARBELLAY / Jacques LE DU / Jacques LEROLLE / Jacques MARIE / Jae Young CHOI / Jaime ABELLO SANTANA / James O'SULLIVAN / Jana KAPICKOVA / Jane MERGIER-BACON / Jane WRIGHTSON / Janes BACON / Jarek TARGOSZ / Javier HERRERA / Jean BOUILLET / Jean Paul ARBEZ / Jean-Baptiste FERAGUS / Jean-Christophe LUTTMANN / Jean-Claude ADABUNU / Jean-Claude GREBERT / Jean-Claude MAZAUD / Jean-Etienne PERNOT / Jean-Francois AUTHIER / Jean-François BONNE / Jean-François BRULET / Jean-François CATALDO / Jean-François GALMICHE / Jean-Jacques VAN ASSCHE / Jean-Marc MALVEZIN / Jean-Marc RIO / Jean-Marie POULIQUEN / Jean-Paul DE MOURA / Jean-Pierre BUISSON / Jean-Pierre KERDONCUFF / Jean-Raoul EVRARD / Jeff SCHOFFIELD / Jeffer OGERA / Jennifer CHAN / Jens GATELLIER / Jeong-Hyeon KIM / Jérémie KOEMPGEN / Jeroen VAN DER GOOT / Jérôme AICH / Jérôme GUIGON / Jérôme PETRÉ / Jessica BONTE / Jessica RENAUD / Jia ZHANG / Jiashan FU / JiaYao HUANG / Jie YANG / Jieh-Ju LI / Jin YANG / Jing LI / Jing LI / Jing ZHANG / Jing ZHANG / Joana DA NOVA / Jocelyne PORPHIRE / Jochen DURR / Joel GUEVARA / Joel KUENZI / Joelle MANSOUR / Joëlle KOHLER / Johan BEVERNAEGE / John CURRAN / John DAVIS / Jolanta WYGLADACZ / Jonathan DREYFUS / Jonathan TALLMAN / Jonathan THORNHILL / Jongchol CHOE / Joong-Sub KIM / Jorge MURILLO / José NIETO RUEDA / Joseph CALILE / Joseph CHAN / Joséphine SERGENT / Joseph-Zahi ALWAN / Joshua PALMER / Josyane Valérie TCHANQUE / Joumana FERZLI / Jovan VIGNJEVIC / Juan DEL CAMPO / Juan SOMODEVILLA / Juan Carlos BENAVIDES / Juan Carlos CALDERON / Juan Ricardo CHICA / Julia BERG / Julia BUHLER / Julia KNAAK / Julie COURRIC / Julie ETIENBLED / Julie LAMOTTE / Julie PAUL / Julie SÉBERT / Julie WILHELM / Julien BERNERON / Julien BOUZIGUES / Julien CAMPAGNE / Julien DALIBART / Julien MAUGAT / Julien MENARD / Julien MIZERMONT / Julien TERME / Julien THIRION / Julien TROTIGNON / Julius CRISTEA / Junliang JIANG / Justine NESSI / Jutta BEYERBACH / Kader TAYABI / Kalina PETKOVA / Kaori YAMASHITA / Karen TOUBIANA OSINA / Karim ANDARY / Karim BENMOUSSA / Karim HAMZA / Karine BADARO / Karine CHARTIER / Karine DANA / Karine SARFATI / Katarzyna GLAZEWSKA / Katarzyna QUIXTNER / Katharina WECHSELBERGER / Katherine MURDIE / Katherine TEMIN / Kathrin WESTERHOFF / Katja ZIMMERMANN / Katrin BERGMANN / Katrin ZERWES / Khadija GUEALBAYE / Khaled HOCINI / Khalissa BOUGHABA YOUSSOUFI / Khansa BAKLOUTI / Khristian CEBALLOS / Kim DEOKMO / Kimberley KOMALEW / Kimberley KOWALEW / Kinda FARES / Knud KOHLHOF / Kolja PREUSS / Kun LIU / Laetitia ANTONINI / Laëtitia MARCHESI / Lamiae CHAHDI / Lara LECLERCQ / Larue VIGNAL / Laura CERE / Laura RANUZZI / Laura ROBION / Laure FLANDRE / Laure GEOFFROY / Laure KNAUER / Laure PARISE / Laure SALVATI / Laure SAMAMA / Laurence GUY / Laurence KRUPA / Laurent BOITEUX / Laurent BROYON / Laurent KARST / Laurent KUBUSIAK / Laurent PEREIRA / Laurent PEZIN / Laurent-Marc FISCHER / Lei SHEN / Lei WANG / Lei XIE / Lei ZHANG / Leila FARAH / Leith ADJINA / Lekang LIU / Léonie HEINRICH / Léopold AGBOTON / Letizia CAPANNINI / Li JU / Li PAN / Liang ZHANG / Lin MA / Lin XIA / Linshou WU / Lionel GASPAR / Lionel LACOMBE / Lise LAPÔTRE / Livia LASTRUCCI / Liviu Gabriel ZAGAN / Loïc DEVAY / Loïc LE MANOUR / Loran BICOKU / Lore RAMALHO / Lorena LANNEFRANQUE / Lorenzo BARACCHI / Lotfi BEN HAJ / Louis MAUGIN / Louis TOURNOUX / Louis WADDELL / Luc JOUBERT / Luca BARIOLA / Lucia CAPANINI / Lucie TREMBLAY / Ludovic MASSON / Ludovic THOMAS / Luna BERANZOLI / Lydie KEILING / Lydie VEGA SANCHEZ / Lynn FULLERTON / M'hamed AMZALI / Macarena Maria OUTEIRAL OLIVEROS / Maciej LECHOWSKI / Maciek MARZECKI / Magali PARIS / Magda MECILI / Magdalena SARDINAS BULAWA / Magdalena SROCZYNSKA / Maggie MO / Mahalia GARDNER / Maia DAVIDSON / Maïlys CRESTA / Maïssa SERRY / Malgorzata PACEK / Manabu YAMANOUCHI / Man-Ni PENG / Manon PARE / Manuelle GAUTRAND / Mao HERMAN / Marc AUDAP / Marc FAURICHON / Marc FERNANDEZ-RICARD / Marc HUMBLET / Marc LASSARTESSE / Marc LEHMANN / Marc LISSILLOUR / Marc METZGER / Marc MOUKARZEL / Marc TABET / Marcel RUZICKA / Marcin PASZKOWSKI / Marcin RYBCZINSKI / Marcin WYSOPAL / Marcin SKRZYPCZAK / Marco PALMIERI / Marco PUNZI / Marco SCARTON / Mareike ETTRICH / Mari IGESUND / Maria HILLER / Maria LOULOU / Maria SIEWERT / Maria TESTA / María del Carmen RIVERO / Maria Dolores BATALLER ALBEROLA / Maria Irina FAHHAM / Maria So DE NORONHA / Marianne STURBOIS / Mariano EFRÓN / Marie Caroline PIOT / Marie Catherine BELUS / Marie-Agnès DE BAILLIENCOURT / Marie-Dominique DANEL-OBRIOT / Marie-Hélène CAYRE / Marie-José DOS SANTOS / Marielly CASANOVA / Marina COCHET / Marina SCHMIDT / Marine DE LA GUERRANDE / Marine FITAU / Marine LE COGUIEC / Mario CACERES / Mario KARAM / Marion PAPILLON / Marion RIQUOIS / Marion STAMM / Mark O'GARA / Marlène RINGLI / Marsyas VON NASO / Martha LEBLANC / Martin BRUNELLE / Martin DAOUST / Martin KRUSKA / Martin ROBAIN / Martin Pablo NOLASCO / Martina FIORENTINO / Martina HELLWIG / Martine CAMBRELENG / Martiné TYLER / Martine RIGAUD / Martyna WOJCIAK / Marzia DONNINI / Masaru SENDA / Masumi YOSHIDA / Mathias SCHRIMPF / Mathieu GUILLAUME / Mathieu THOMASSET / Mathilde ADAM / Mathilde BEJOT / Matteo GIANNINI / Matthew VIEDERMAN / Matthias CASPER / Matthias KRUPP / Matthieu BAILLE / Mattia MALANCA / Mattias PIANI / Mauricio SCHIAVETTI BRUNET / Maxime BUZZI / Maxime LE TRIONNAIRE / Maxime REPEAUX / Maxime SEURIN / Maxime SEYROUX / Mayuki SEKINE / Mehdi BEN YAHIA / Mehdi CHERIAA / Mehdia EL HASSANI / Mehmet DAVAZ / Mei HUANG / Menglan YU / Meriem BELHADJ / Merim BEHADJ / Micha WITZMANN / Michel DA COSTA GONCALVES / Michel PELMARD / Michele DALL'AGLIO / Michele GAMBATO / Miguel PINTO / Miki HASEGAWA / Milena CESTRA / Milena GOTCHEVA / Min TANG / Min Ah CHOI / Ming XU / Ming ZHOU / MingNan WU / Mireille PEREZ / Miriam ALOULOU /

Miroslava ROCAN / Mizuho KISHI / Mohamed OMAIS / Mohamed SEFRIOUI / Mohammed BADDREDDINE / Mohand AIT HADI / Monica GARCIA / Monica PEDRAZZI / Moon chul JOUNG / Morgane LAY / Moritz REINISCH / Morna HILDEBRANDT / Mounira BOUTABBA / Murat UYANMIS / Mustapha KILINC / Mylène SJERAN / Nacer LARBI-NACER / Nacer RAHMANI / Nadhir DJELLAL / Nadia ABDELKADER / Nadia TOUATI / Nadine CHADEFAUX / Nadya BRUNIER (LIEBICH) / Najet NOURANI / Nam-Kyu JI / Namwon KIM / Naouel BCHIR / Narjiss BERRADA / Nataly TELLO PISANO / Nathalie ALVES / Nathalie BALINI / Nathalie BERTANI / Nathalie BORNE / Nathalie BROEDERS / Nathalie DZIOBEK / Nathalie FRANÇOIS / Nathalie KHOUEIRY / Nathalie MAHFOUD / Nathalie POLLET / Nathalie ROZENCWAJG / Nathalie SISOUK / Nayla CROCHON / Neale BAIRSTOW / Nga THACH / Niccolo RUGGINI / Nicolas BRAEM / Nicolas CAULLIEZ / Nicolas CORIAT / Nicolas DEBICKI / Nicolas GARNOTTA / Nicolas GIRARD / Nicolas GUARNOTTA / Nicolas HUGON / Nicolas KELEMEN / Nicolas KHALILI / Nicolas RICHELET / Nicolas SAVAUX / Nicole CUSMANO / Nicole LEBESCOND / Nida DUONG / Nienke VAN EIJK / Nikola RADOVANOVIC / Nilberto GOMEZ DE SUZA / Nina BARTOSOVA / Ning LIU / Ning WANG / Noêl MOYO / Nolwenn RYAN / Nora Wera ENGELS / Nour LAZIZI / Noureddine SEHIL / Nupur GUPTA / Oliver NOX / Olivier CHARLES / Olivier CONTRE / Olivier DUFAY / Olivier GREDER / Olivier KRIEGER / Olivier LE MARCHAND / Olivier LECLERCQ / Olivier LOPION / Olivier PALATRE / Olivier PERCEVAL / Olivier PERRAGUIN / Olivier PETIT / Olivier TOSSAN / Oona SAVRANSKY / Orianne ANDRE / Orion ANGLADE / Orsolya MIKLOSI / Ouiza ABDAT / Pablo BOISIER / Pacco (Bin) ZHANG / Paola DONNEZ / Paola STRACCA-PANSA / Paolo CASCONE / Paolo MAGRI / Paolo VANNUCCHI / Parisa ALLAHYARI / Pascal AUCAGOS / Pascal CATTANI / Pascal DEBARD / Pascal DUTERTRE / Pascal HEUSICOM / Pascal VINETTE / Pascale DERRIEY / Pascale WAKIM / Patrice BRAUN / Patrick COSMAO / Patrick JARZAGUET / Patrick MA / Patrick MALARD / Patrick OBRIST / Patrycja PELKOWSKA / Paul RINGUEZ / Paulina LIS / Pauline METRAL / Peggy GUILBERT / Pembe BAYSEFER / Per RASMUSSON / Peter ALLENBACH / Peter DUCK / Petkova SVELTA / Petra KUCEROVA / Petra WAELDLE / Petre NASTASE / Philippe DAHAN / Philippe GAZAGNE / Philippe JOUANNEAULT / Philippe PINGUSSON / Philippe PLAINE / Philippe ROBLES / Philippe SARDIN / Philippe COINTAULT / Philippe SCHAETZEL / Pia GERBER / Pier Andrea NOTARI / Pierre ALBRECH / Pierre AUFFRAN / Pierre LASSAGNE / Pierre LEPINAY / Pierre LESBATS / Pierre MARET / Pierre MOUSSELON / Pierre REIBEL / Pierre SFEIR / Pierre UNTEREINER / Pierre-Alexandre LAVAUT / Pierre-Louis GERLIER / Pierre-Yves RUSTANT / Pilar MARTINEZ / Ping CHEN / Piotr JEDRZEJCZAK / Piotr MALAK / Piotr PACIOREK / Qiang ZHUO / Quan Le HUANG / Rabah BENTOUMI / Rabah OUSMER / Rachid BRADAÏ / Rachid HAMICHE / Radia BENAZIEZ / Rafaëlla FILIPPON-XAVIER / Raffaele PAPADIA / Raffaello PISANI / Rahim DANTO BARRY / Ralph CHOUEIRI / Ramin NAHID / Ramses SALAZAR / Ran GUO / Rana BOURJEILI / Raphael LANOY / Remy FOURRIER / Renata BARBOSA GARREFA / René-Henri ARNAUD / Rex BOMBARDELLI / Riad SANEH / Ricardo MAGALHAES CARVALHO / Richard PENMAN / Rita AMOUYA / Rita BOUSTANY / Rivka GERON / Robert ANZIANO / Roberta MORELLI / Roberta RAIMONDO / Roberto BOSSA / Roberto D'ALÚ / Roberto D'ARIENZO / Roberto PISTACCHI / Roberto TRALCI / Rocio MARTIN / Rodo TISNADO / Rodolphe RODIER / Rodolphe VIGNOLLES / Rodrigo TEIXEIRA / Roger CHAMBON / Roland KOSSI / Roland OLLIVIER / Romain DESCHATEAUX / Romain FRODEAU / Romain GAUTHIER / Romain GAUTILLOT / Romain KAROUBI / Romain REUTHER / Romuald GIRARD / Ronan MARTIN / Rory BRYDEN / Rosa ACAMPORA / Rostom CHIKH / Roueida AYACHE / Ruddy VALVERDE / Rudy AGUILAR / RuiFeng LIU / Sabine POUGET / Sabrina CHIBANI / Sabrina SANTIN / Sabrina SANTOS / Safia BAROUDI / Salma ZERHOUNI / Salwa MIKOU / Samuel TIZON / Sandra CARBONNEL / Sandra DEMUTH / Sandra PLANCHEZ / Sandrine BONNEVILLE / Sandrine DUPRAZ / Sandrine ELICE / Sandrine EVEN / Sandrine MAIA / Sandrine VERGNE / Sandro AGOSTINI / Sanne ELKAER / Santo RIZZUTO / Sara HAY / Sara MONTANI / Sara NOGUEIRA / Sara PRINCE / Sara Selin SAYLAG / Saskia HEUSMANN / Scott HAWLEY / Sebastian CUEVAS / Sébastien BERNAGOT / Sébastien BROCOLETTI / Sébastien DURON / Sébastien GOELZER / Sébastien GRANET / Sébastien KOCH / Sébastien RIGAILL / Sébastien VEN DER VOORT / Seiko TANIGUCHI / Se-Jun WHANG / Selma RAIS / Sémia BEN ABDALLAH / Seong-Keun LEE / Serge JOLY / Serge KHOUDESSIAN / Sergio CERECEDA / Sergio GRAZIA / Seung-Ho LEE / Séverine MASFRAND / Seyfedine BEN TILI / Sharon ADAMCO-MARCHAL / Shi TIAN / Shiva TOLOUIE / Shoupeng CHANG / Shuwen LI / Siham Sara CHRAÏBI / Sihem BACHA / Sihem GOMRI / Silvia PRESBITERO / Silvia SALVATI / Silvina TRIEMSTRA / Sin Wook KUEN / Skander EL GHARDALLOU / Smaïl BOUBAYA / Snezana RADAKOVIC / Sofiane BOU SALAH / Sofien MISSAOUI / Sohyung LIM / Sol CAMACHO / Sonia AGUDO / Sonia FRISCIRA / Sophie CULLARD / Sophie DAWSON / Sophie DERENNES / Sophie DESWARTE / Sophie GIESEN / Sophie MORDANT / Sophie PETIT / Soraya IDER / Souleïma FOURATI / Soumaya NEMSI / Sovik Kumar NATH / Stanimir PAPARIZOV / Stefan WEITZEL / Stefano DE BORTOLI / Stefano SBARBATI / Stéfano CECCOTTO / Stephane CHAUCHAT / Stephane DAUBA / Stéphane BARD UNY / Stéphane CHAN TIM / Stéphane MARANO / Stéphane NIKOLAS / Stéphane POUDAT / Stéphane VIGNE / Stéphane ZAMFIRESCU / Stéphane BARA / Stéphanie BOISSON / Stéphanie CHALTIEL / Stéphanie DELARBRE / Stéphanie DIETSCH REMIGY / Stéphanie GAUVIN / Stéphanie LACROIX / Stéphanie PLU / Stéphanie ROZANSKI / Stéphanie ROZONSKI / Stéphanie SUGMEYER / Stéphanie VOGEL / Steve BALME / Stewart STARKIN / Su-Jung KANG / Su-Kyeong KWAK / Sunhea YUN / Susana VITORIA / Sven DEIDERT / Svetla PETKOVA / Sylvain BELLIVIER / Sylvain HARTENBERG / Sylvain MOLON / Sylvain POLONY / Sylvain ROLLET / Sylvain SAINTPERE / Sylvia GHIPPONI / Sylvie BRACHET / Sylvie LE CALLONEC / Sylvie MEAUDE / Sylvie RAPP / Syrine KRICHEN / Tahar TOUDERT / Tanguy DEZAUNAY / Tanja KLEIN / Tanja LITZENBURGER / Tanja RUF / Tanya DAVID KLYNE / Tao WANG / Tarek KAMEL / Tarek Mohamed BELKHOUJA / Tefu MAZAKAZU SHIMADA / Térésa (Maïté) ALCALDE-GUERIN / test TEST / Thiago GIANNINI / Thibault HOPMAN / Thomas AUSTERVEIL / Thomas ECKERSBERG / Thomas MAGNY / Thomas MARCONI / Thomas PEJOAN / Thomas REITH / Thomas ROBERT / Thomas WESSEL-CESSIEUX / Thomas PARIS / Thorsten SAHLMANN / Tina CHEE / Ting WANG / Tiziana MONTERISI / Tobia OMERO / Tony CHAN / Toshihiro KUBOTA / Trung NGUYEN VIET / Tu XIANG / Tuan Anh TRAN / Tupac ORELLANA / Urszula WLODARCZYK / Uta NEUBECK / Valentina PERUZZO / Valentina REINAUDO / Valeriano IZZO / Valérie BARRES / Valérie CUVELLIER / Valérie MODOLO / Valérie MOLINA / Vanessa BARANES / Vanessa MOTULSKI / Vanessa SICRE / Vanessa VIEL DE MELO / Vania Petrova DIMITROVA MILILIC / Vanina PLATOF / Vashist SAURABH / Veronica DIDIER / Veronika KRISTKOVA / Veronika MACHOVA / Véronique JONES / Véronique ROSELLI / Véronique TOUTAIN / Victor KORKMAZ / Vincent BAUR / Vincent CHARRIER / Vincent DUGRAVIER / Vincent LIENARD / Vincent POURTAU / Vincent PRUNIER / Virgile DISSE / Virginie ANSELME / Virginie CAUJOLLE-PRADENC / Virginie COLY / Virginie CUEILLE / Virginie LAUZON / Vivian (DA SILVA) PAULITSCH / Vlad ANDREESCU / Walid BENATTIA / Walid BOULABIAR / Walter SIMONE / Wang ZHILEI / Wei WANG / Wei ZHU / Wei-Yi FANG / Wenwei YANG / William WEHBE / Xavier BONADONNA / Xavier GENOT / Xavier LAUZERAL / Xiadong XIANG / Xiang LI / Xiaofan TAO / Xiaofei TIAN / Xiaojia HU / Xiaoli ZHANG / Xiaorong XIE / Xiao-Tao (Joyce) LIU / Xiaowei ZHOU / Xiaoyun ZHAO / Xing Er JIN / Xuemei (Sophie) SHAO / Xuesong QIAO / Xuetian BA / Yacine KHARCHI / Yacine KOLIAI / Yakdhan TOUIHRI / Yan AUBLET / Yan JIANG / YAN LIANG / Yan LIU / Yan WANG / Yan YAN / Yan ZHANG / Yan ZHOU / Yan ZHOU / Yann BASSING / Yann COULOUARN / Yann SALMON / Yanyan SHOU / Yassir AZIZ / Yi CHE / Yihui YAN / Yili ZHENG / Yilin SHI / Ying SUI / Ying WANG-GAILLARD / Yingbo WANG / Yong LI / Yong Yong LIU / Yongkang LI / Yoshito ONISHI / Young-Jae CHOI / Young-Joo JUNG / Young-Sun YOON / Yousra NOUIRA / Youssef MALLAT / Yu SUN / Yuan JIANG / YuanCheng DING / Yuhong LIU / Yun WU / Yun Xiu HU / Yun-Sil AHN / Yuwei ZHANG / Yuyu YANG / Zahir OULD-HOCINE / Zaini ZAINUL / Zhao Hui TANG / Zhaorui YANG / Zhilei WANG / Zoubeir AZOUZ / Zoya SISIAKOVA

Conception/全书构思
法国AS建筑工作室 / Architecture-Studio
(Martin Robain, Rodo Tisnado, Jean-François Bonne, Alain Bretagnolle, René-Henri Arnaud, Laurent-Marc Fischer, Marc Lehmann, Roueïda Ayache, Gaspard Joly, Marica Piot, Mariano Efron, Amar Sabeh El Leil)
Ante Prima
Cyrille Poy
Franck Tallon

Production/制作
Ante Prima Consultants, Paris/巴黎
Direction de l'ouvrage/出品人
Luciana Ravanel
Coordination et suivi éditorial /协调与编辑
Marine Fitau - Architecture-Studio
Chloé Lamotte - Ante Prima

Rédaction/撰稿
Cyrille Poy
Introduction/序言
Dominique Bourg

Design graphique/平面设计
Franck Tallon
assisté de/协助设计
Emmanuelle March

Traducteur/翻译
Shuo Zhang/张硕

Coordination version chinoise/中文版协作
Anne-Charlotte de Ruidiaz - Architecture-Studio
Cha Xu - Architecture-Studio

Crédits iconographiques/图片提供

Arte factory p. 87

AS.Architecture-Studio : p. 47, p. 48, p. 56, p. 57, pp. 60-61, p. 65, p. 75, p. 86, pp. 148-149, pp. 150-151, pp. 178-179, pp. 180-181, p. 182, p. 183, p. 184, p. 185, pp. 186-187, p. 188, p. 189, pp. 190-191, p. 192, p. 193, pp. 194-195, p. 196, p. 197, pp. 198-199, p. 203, pp. 204-205, pp. 206-207, p. 209, p. 210, p. 211, p. 213, p. 214, p. 217, p. 219, p. 221, p. 222, p. 223, p. 225, p. 227, p. 228-229, p. 230, p. 233, p. 235, p. 237, p. 239, p. 243, p. 245, p. 247.

AS.Architecture-Studio et/及 Eau de Paris : p. 236.

Luc Boegly : pp. 136-137, pp. 138-139, pp. 140-141, p. 142, p. 143.

Christophe Bourgeois : pp. 58-59, pp. 90-91, p. 92, p. 93, p. 94, p. 95.

Composante Urbaine : p. 224.

Stéphane Couturier : p. 54, p. 55.

Nikos Daniilidis : pp. 96-97, pp. 98-99, p. 101, p. 101, p. 102, p. 103, pp. 104-105.

Michel Dieudonne : pp. 76-77.

Hervé Douris : p. 80, p. 81, pp. 110-111, p. 112, p. 113, pp. 144-145, pp. 146-147.

Equanima : p. 83.

Georges Fessy : p. 45, p. 46, p. 116, p. 117, p. 118, p. 119, pp. 120-121.

Gaston : p. 50, pp. 52-53, pp. 72-73, p. 74, pp. 106-107, p. 108, p. 109, p. 263, p. 264.

Jean-Michel Gueugnot : p. 51, pp. 122-123, pp. 124-125, pp. 126-127.

Guillaume Hannoun : p. 66.

Yongjin Luo : p. 64, pp. 132-133, p. 134, p. 135.

Jean-Claude Meauxsoone : p. 49.

Olivier Nord : p. 78.

Olgga architectes/建筑师 : pp. 176-177.

Partenaires Développement : p.231.

Rémy Ravon : p. 82 .

Rodolphe Rodier : p. 67.

Anna Puig Rosado : p. 70, p. 71.

Takuji Shimmura : pp. 114-115.

Shuhe : pp. 128-129, pp. 130-131.

Patrick Tourneboeuf : p. 44, p. 79.

ISBN : 978-7-5618-4518-9